JN102020

日常の問題を解決しながら、論理的思考を身に付ける本

iPhone 1台で学ぶ プログラミング

リスキリングにも最適。

一石二鳥な1冊。

Learn Programming
Skills on Your iPhone!

増井敏克 Masui Toshikatsu

SE
SHOEISHA

本書内容に関するお問い合わせについて

このたびは翔泳社の書籍をお買い上げいただき、誠にありがとうございます。弊社では、読者の皆様からのお問い合わせに適切に対応させていただくため、以下のガイドラインへのご協力をお願いいたしております。下記項目をお読みいただき、手順に従ってお問い合わせください。

■ ご質問される前に

弊社Webサイトの「正誤表」をご参照ください。これまでに判明した正誤や追加情報を掲載しています。

正誤表 https://www.shoeisha.co.jp/book/errata/

■ ご質問方法

弊社Webサイトの「刊行物Q&A」をご利用ください。

刊行物Q&A https://www.shoeisha.co.jp/book/qa/

インターネットをご利用でない場合は、FAXまたは郵便にて、下記"翔泳社 愛読者サービスセンター"までお問い合わせください。電話でのご質問は、お受けしておりません。

■ 回答について

回答は、ご質問いただいた手段によってご返事申し上げます。ご質問の内容によっては、回答に数日ないしはそれ以上の期間を要する場合があります。

■ ご質問に際してのご注意

本書の対象を超えるもの、記述個所を特定されないもの、また読者固有の環境に起因するご質問等にはお答えできませんので、あらかじめご了承ください。

■ 郵便物送付先およびFAX番号

送付先住所　　〒160-0006 東京都新宿区舟町5
FAX番号　　　03-5362-3818
宛先　　　　　（株）翔泳社 愛読者サービスセンター

※本書に記載されたURL等は予告なく変更される場合があります。
※本書の対象に関する詳細は9ページをご参照ください。
※本書の出版にあたっては正確な記述につとめましたが、著者や出版社などのいずれも、本書の内容に対してなんらかの保証をするものではなく、内容やサンプルに基づくいかなる運用結果に関してもいっさいの責任を負いません。
※本書に掲載されているサンプルプログラムやスクリプト、および実行結果を記した画面イメージなどは、特定の設定に基づいた環境にて再現される一例です。
※本書に記載されている会社名、製品名はそれぞれ各社の商標および登録商標です。

はじめに

　小学校では2020年度からプログラミング教育が始まり、多くのこどもたちがプログラミング的な考え方を学び始めています。学校によっては、Scratchというプログラミングツールが使われるなど、こどもでもわかりやすくプログラミングを学べるようになっています。

　このようなツールを大人が使って、プログラミングを学ぶこともできます。しかし、こどもがプログラミングを学ぶために作られたツールでプログラムを作っても、大人にとってはあまり実用的とは言えません。せっかくなら、もっと普段の生活に役立つような実用的なアプリを作ってみたいものです。

　実用的なアプリを作るとき、本格的なプログラミングの手法を学ぶ方法もありますが、プログラマになるわけでもないのに難しいプログラミングの専門書を読むのは大変でしょう。また、パソコンを用意してキーボードで入力するのも大変です。

　そこで本書ではプログラミング初心者の読者の方が、iPhoneやiPadを使って手軽にプログラミングを学ぶことを目的にしています。本格的なプログラミングは学べなくても、最近のiPhoneでは実用的なアプリを簡単に作ることができるようになっているのです。

　しかもiPhoneに標準で搭載されているアプリ「ショートカット」を使うだけなので、追加の費用は発生しません。大切なのは、実際に手を動かしながら、その

動作を確認することです。そのため、本書では細かな手順を1つずつ解説しています。

　プログラミングに慣れている方であれば、本書のような細かな手順は不要かもしれません。また、iPhoneやiPadだけで自動化することを考えないかもしれません。しかし、本書で紹介するようなサンプルを使うと、高度なプログラミングツールを使わなくても自動化できることに気づく人もいるでしょう。プログラミングの知識があるからこそ思い浮かぶアイデアもあります。

　本書の内容を参考にして、プログラミングの考え方を普段の生活の中に取り入れていただけると嬉しいです。

謝辞

　本書で紹介したいくつかのサンプルは、東京都調布市仙川町にあるシェア型書店「センイチブックス」にて「プログラミング体験会」を開催した際に使用したものです。参加者の皆様とともに手を動かし、さまざまな感想をいただき、また疑問に思ったことを質問していただいたおかげで、著者だけでは気づかないヒントをいただきました。この場をお借りして感謝申し上げます。

CONTENTS

第1章 便利なものを作りながら プログラミングを学ぼう! 11

第2章 まずは操作に慣れよう 21

第 **3** 章 入出力は
プログラミングの基本！

第 **4** 章 リストから選択して
処理を簡単にする

第**5**章　一時的にデータを保存し、計算をしやすくする

第**6**章　「もし○○だったら？」ができることを増やす

第 **7** 章

繰り返すことで多くの処理の実現を簡単にする

163

第 **8** 章 自動的な実行によって プログラムの効果を高める

本書の実行環境について

本書では、以下の条件で解説をしています。

使用デバイス：iPhone／外観モード：ライト

また、本書の内容はiOS16.0〜16.3で検証を行いました。画面の表示や手順は、お使いのデバイスやOSのアップデートによって変わる可能性がございます。特に「アクション」の選択画面などは、各項目の並び順がiOSによって異なりますが、焦らずそれぞれに適した項目を探してみてください。なお、本書で掲載している内容の多くは、ショートカットアプリが使用できるデバイス（iPad、Macなど）でもお使いいただけます。

会員特典について

本書を読んで、よりプログラミングに興味が湧いた方には
『図解まるわかり プログラミングのしくみ』がおすすめで
す。プログラミングを行う際に知っておきたい知識を解説
した1冊です。

試し読み用の抜粋PDFを読者特典として提供します。下記
のURLからダウンロードし、ぜひこちらも読んでみてくだ
さい。

「プログラミングとはどういうものか？」「実際にはどのよ
うに行うのか？」といったことがわかるでしょう。更なる
学びへつながったら幸いです。

▼

URL：https://www.shoeisha.co.jp/book/present/9784798179599

■ 注意

※ 会員特典データのダウンロードには、SHOEISHA iD（翔泳社が運営する無料の会員制度）
への会員登録が必要です。詳しくは、Webサイトをご覧ください。

※ 会員特典データに関する権利は著者および株式会社翔泳社が所有しています。
許可なく配布したり、Webサイトに転載することはできません。

※ 会員特典データの提供は予告なく終了することがあります。あらかじめご了承
ください。

■ 免責事項

※ 会員特典データの記載内容は、2023年4月現在の法令等に基づいています。

※ 会員特典データに記載されたURL等は予告なく変更される場合があります。

※ 会員特典データに記載されている会社名、製品名はそれぞれ各社の商標および
登録商標です。

第 1 章

便利なものを
作りながら
プログラミングを
学ぼう！

iPhoneかiPadがあれば
すぐにプログラミングが学べる！

☑ そもそもプログラミングとは？

　私たちの身の回りにはコンピュータがあふれています。皆さんが使っているパソコンやスマートフォン（以下、スマホ）もコンピュータですし、テレビやエアコン、冷蔵庫、炊飯器など、多くの家電にも小さなコンピュータが入っています。

　これらの**コンピュータを動かすには、プログラムが必要です**。目には見えなくても、その裏側ではたくさんのプログラムが動いているのです。そして、これらの**プログラムを作ることをプログラミング、プログラムを作る人をプログラマといいます**。

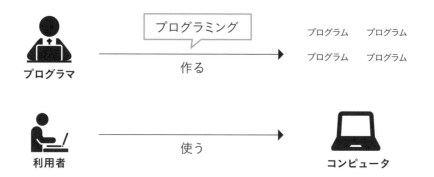

☑ プログラムを作るには？

　では、このプログラムはどうやって作ればよいのでしょうか？　プログラマは人間なので英語や日本語といった言葉を使いますが、コンピュータは英語や日本語といった言葉を理解できません。指示を英語や日本語で書いても、コンピュー

タは動かないのです。

　利用者の思い通りにコンピュータを動作させるには、コンピュータが理解できる言語を使う必要があります。コンピュータは電気で動く機械なので、電流のオン・オフや電圧の高さ・低さなどによって制御できます。たとえば、電流のオンを数字の1、オフを数字の0に割り当てると、さまざまな指示は0と1を並べて表現できます。そして、**この0と1の並びに意味を割り当てたものを機械語といい、コンピュータは機械語を読み取って動作しています。**

　しかし、0と1が並んだ機械語を人間が理解するのは大変です。そこで、プログラミング言語という特別な言語が用意されました。次の図のように、**人間はプログラミング言語を使ってコンピュータへの指示を書いたソースコードを作成し、それをコンピュータが理解できる機械語で書かれたプログラムに変換** (翻訳) **する**のです。

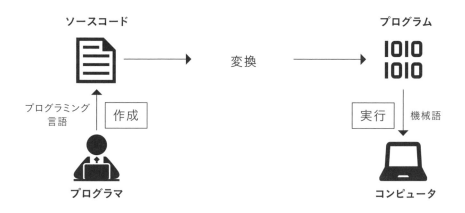

☑ 簡単なプログラムならすぐに実践できる！

　読者の皆さんがプログラマになりたいのであれば、このような専門的なプログラミング言語を学ぶ必要があります。高度なゲームを作ったり、膨大なデータを処理するようなプログラムを作ったりするのであれば、数学や統計学などについ

ての知識も必要になるでしょう。

　しかし、**多くの一般的な人にとってプログラミング言語は難しい**ものです。ちょっと学んだくらいでは、実用的なプログラムを作れるようにはなりません。実用的なプログラムを作れるようになるには、プログラミングの考え方を理解するだけで十分ではありません。プログラミング言語や数学を学ぶために、それなりの時間が必要なのです。

　しかし、**普段の仕事の中で同じ作業の繰り返しを楽にしたい、ちょっとだけ高度な処理をしたい、といった程度であれば、専門的なプログラミング言語を学ぶ必要はありません**。専門的なコンピュータを用意する必要もありません。

　皆さんの手元にある iPhone や iPad を使って、少し画面をタップするだけでプログラミングに近いことができます。しかも、本書では iPhone や iPad に標準で搭載されているアプリ「ショートカット」を使うので、特別なアプリをインストールする必要もありません。

　最初からアプリの中に用意されている処理を並べるだけで、ソースコードに該当するものを作成でき、プログラミングにおける変換や実行といった部分を自動的に処理してくれます。また、用意されている処理をうまく組み合わせると、専門的なプログラミング言語で作ったプログラムと同等のものを作ることもできるのです。

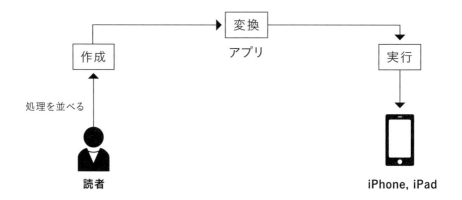

プログラミングより重要な
プログラミング的思考

☑ プログラミングは料理や建築と同じ

　プログラミング言語を学ぶ必要がなく、プログラミングに似たことが簡単にできるアプリが標準で用意されているのであれば、誰でもプログラムを作れると考える人がいるかもしれません。しかし、大事なのはここからです。プログラムを作るとき、いきなり作ろうとしても、なかなかうまくいきません。これは他の仕事でも同じで、プログラミングは料理や建築に例えられることがあります。

　料理を作る前には、レシピを確認し、必要な材料や器具を用意します。そして、レシピに書かれている手順通りに進めると、一定の品質を満たす美味しい料理ができます。建築も同じで、家を建てる前には設計が必要です。設計することなく、家を建て始めると、強度が不足したり、材料が不足したりするかもしれません。また、必要な時間や費用も見積れないので、問題が起こるかもしれません。

　プログラミングもこれと同じです。プログラムを作るとき、いきなり作り始めても、よいものはできません。**事前に作りたいものをイメージし、そのために何が必要なのかを考えて準備しなければいけない**のです。

　　──➤ 料理も建築もプログラミングも、下準備が大切！

☑ プログラミング的思考とは？

プログラムの開発や設計において大切な考え方にプログラミング的思考があります。文部科学省が提示している「小学校プログラミング教育の手引 (第三版)」では、プログラミング的思考を次のように定義しています。

> 自分が意図する一連の活動を実現するために、どのような動きの組合わせが必要であり、一つ一つの動きに対応した記号を、どのように組み合わせたらいいのか、記号の組合わせをどのように改善していけば、より意図した活動に近づくのか、といったことを論理的に考えていく力

堅苦しい言葉で書かれており、これだけではどのような力なのかよくわかりませんが、上記の文章のあとには、「コンピュータを動作させるための手順」として、次のような例が挙げられています。

① コンピュータにどのような動きをさせたいのかという自らの意図を明確にする

↓

② コンピュータにどのような動きをどのような順序でさせればよいのかを考える

↓

③ 一つ一つの動きを対応する命令 (記号) に置き換える

↓

④ これらの命令 (記号) をどのように組み合わせれば自分が考える動作を実現できるかを考える

↓

⑤ その命令 (記号) の組み合わせをどのように改善すれば自分が考える動作により近づいていくのかを試行錯誤しながら考える

これらの文章を見ると、プログラミング的思考のキーワードとして、「論理的」や「試行錯誤」という言葉があることがわかります。これらについて、もう少し考えてみましょう。

☑「論理的」「試行錯誤」という言葉が意味するもの

私たちが何らかの指示を出すとき、相手が人間であればあいまいな言葉でも、ある程度くみ取って解釈してくれます。しかし相手がコンピュータになると、**適切な順序で、一言一句間違えることなく指示しないと想定した通りには動いてくれません。**

プログラミングは「人間がコンピュータにやってもらいたいこと」を指示するために使われるので、抜けや漏れがないように、そして勘違いが起きないような指示が求められます。

つまり、コンピュータを思い通りに動かすための手順を考えて、順序立てて整理することが求められるのです。このように順序立てて整理する、といったことは「論理的思考」という言葉が意味することに近いでしょう。

この前、あそこの
お店に行って、……

あぁ〜
あれ、美味しかったね〜

あのときの
あの話だな……

人間なら「解釈」ができる

日時、場所、料理の
名前を順番に書かないと
わからない……

○月○日の……
○×レストランの……

コンピュータには「すべて」を
指示する必要がある

ここでよく話題になるのが、論理的に考える力を鍛える方法としてプログラミングが適切なのかどうかです。プログラミングと同じように論理的思考を鍛えられるものとして、これまでも数学や将棋、パズルなどが使われてきました。

学校では数学を教えてきましたし、論理的な考え方が最近になって突然必要になったわけではありません。数学を勉強して何の役に立つのか、と聞かれて「論理的に考えられるようになる」と答えてきた先生も多いでしょう。

　将棋やパズルも論理的に考えるという面では効果的です。順番が前後すると将棋では突然不利になることがありますし、パズルでは解くのに時間がかかることにつながります。

　これらと比較したプログラミングのメリットが試行錯誤なのです。数学では学校で与えられる問題の数が限られていますし、将棋のように対戦相手がいると、試行錯誤するために「待った」をするのはご法度です。パズルでも解き進めてから前に戻るのは大変です。

　しかし、プログラミングで作るソースコードはデジタルデータであるため、容易に元に戻せます。プログラムを作成しても、すぐに思い通りに動くことは少なく、問題点に気づいて修正することを繰り返しながら完成させるのが普通です。つまり、試行錯誤は**プログラミングにおいて必ず発生する作業です**。

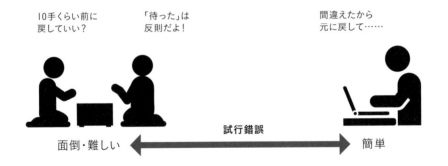

　試行錯誤のよいところは、容易に修正できるだけでなく、誤った部分を調査し、すぐに対応しながら学習効果を高められることにもあります。計算ドリルのように何度も繰り返して、計算方法を覚えることと似ているかもしれません。

　試行錯誤を繰り返すことで、問題がどこにあったのか、順を追って考える癖が身に付きます。また、似たような処理を何度も実装すると、問題が発生しても、その結論に対して根拠の筋道を立てて考えられるようになります。

たくさん作ることがプログラミング的思考習得の近道！

☑ どんなプログラムを作ればいいのか？

　プログラミングでは試行錯誤が重要だと解説しました。しかし、「それでは、さっそくプログラムをどんどん作って試行錯誤をしてください」といったところで、何を作ればよいのかわからない人が多いでしょう。

　プログラミングについての本はたくさん出版されているので、それを読んで練習するのも1つの方法です。しかし、プログラミングについて書かれた本の多くは、その技術について解説したものです。プログラミングについての技術を多く知っていても、自分の作りたいものに使えるとは限りません。**ここでの試行錯誤は、技術を試すのではなくて、アイデアを出して、それを実現するために工夫することなのです。**

技術を学んでも
できるようには
ならない……

野球
スポーツ
ピッチング
バッティング

試してみてから
不足する部分を
学ぶことは有効

実際に作りたいプログラムがある人は、それを実現するために必要な技術を探せばよいのですが、作ってみたいアイデアがないと、何から学べばよいのかわかりません。**もしアイデアが思いつかないときは、本書で紹介するようなサンプルのプログラムをいくつか作ってみることをおすすめします。**すると、「ここはこうしたい」「こんなことできないかな」と発想が広がっていきます。

ところが、どうやっても「作りたいものが思いつかない」という声をよく聞きます。世の中には便利なアプリがたくさんあるため、すでにあるものを使えばプログラミングをする必要がなくなっているのです。

そんなときは、自分の生活の中で「何度も繰り返していること」を考えてみます。1回だけであれば大した時間でなくても、毎日、毎週、毎月のように繰り返していると、その合計は膨大な時間になる可能性があります。これをどうにか自動化できないかを考えるのです。そして、似たようなアプリなどを探して、それを真似して作ろうと考えると、身近で便利な題材が思い浮かぶかもしれません。

☑ プログラミングの目的について

本書ではいくつかのサンプルを紹介しながら、プログラミングでどのようなことができるのかを知ることを目的にしています。ところが、サンプルを作ることの価値を理解していても、本書を読み進める中で、「こんなものを作らなくても、他に便利なアプリがある」と感じる人もいるでしょう。実際、多くの人が欲しいと感じるものは、すでに誰かが作っているものです。

しかし、世の中に求めているプログラムが存在しないときには、それを作る必要があります。このとき、自分でそのプログラムを作らなければならないわけではありません。自分で作る方法以外にも、専門家に依頼する方法、プログラムができるのを待つ方法などがあります。しかし、このときに**プログラミング言語についての知識がなくても、プログラミングの考え方を理解していると、実現できるのかどうか、それがどのくらい難しいのかを判断できます。**

このように、「プログラミングで何ができるのか」「プログラミングで実務に使えるものを作ることがどれくらい難しいことなのか」を知ることが大切なのです。

第 2 章

まずは操作に
慣れよう

プログラミングが簡単に学べる 「ショートカット」 アプリとは？

☑ まずは 「ショートカット」 アプリを探そう

iPhoneやiPadには 「**ショートカット**」 というアプリが標準でインストールされています。次の図の左端にあるアイコンをホーム画面で探してください。

このアプリを開く

ショートカット　　連絡先　　ファイル

　この 「ショートカット」 アプリはiPhoneやiPadなどの操作を自動化できるだけでなく、事前に用意した計算なども実行できます。しかも、一般的なプログラミング言語のように、英語のような難しい内容を書く必要はなく、**画面上をタッチ操作で組み合わせるだけで処理を記述できる**のが特徴です。

　他の開発者が用意したサンプルも豊富に公開されており、それを選ぶだけで試せるため、最初はどんなことができるのか試してみるだけでもよいでしょう。

　本書では、このようなサンプルを使うのではなく、ゼロから作ることでプログラミングの考え方を知るとともに、この 「ショートカット」 アプリでどんなことができるのか紹介していきます。

　なお、ショートカットアプリで作成する処理も 「ショートカット」 と呼びます。以降では、この**アプリを 「ショートカットアプリ」、作成する処理を 「ショートカット」** と書きます。

「自宅までの道順を表示」する アプリを作ってみよう

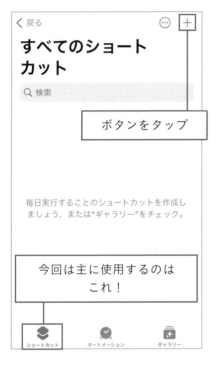

ショートカットアプリを開くと、「すべてのショートカット」の画面が表示されます。最初は図のように空白が表示されたり、サンプルが表示されていたりしますが、作成したものが図の中央部分に追加されていきます。

画面の下には［ショートカット］［オートメーション］［ギャラリー］というボタンがあり、それぞれ次の表の機能があります。本書では第8章で「オートメーション」を使ったショートカットも作成しますが、ここでは左端の［**ショートカット**］ボタンだけを使います。

まずは、右上（iPadの場合は左上）にある［+］ボタンをタップします。これは新しくショートカットを作成するボタンです。

ボタン	機能
ショートカット	作成したショートカットを表示する
オートメーション	手動で実行するのではなく、タイマーなどのイベントが発生したときに自動的に実行するショートカットを表示する
ギャラリー	他の開発者が用意したサンプルを表示する

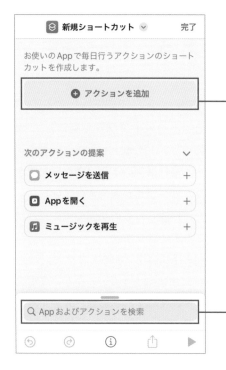

すると、「新規ショートカット」が開き、［アクションを追加］ボタンが表示されます。

iPhoneの場合はこのボタンがある

また、画面の一番下には「Appおよびアクションを検索」という入力欄があります（iPadの場合には、空のショートカットが開き、右側に「Appおよびアクションを検索」という入力欄が表示されます）。

基本的にはこちらの入力欄をタップして入力する

タップして「経路」と入力

［アクションを追加］ボタンを押しても、［Appおよびアクションを検索］をタップしても、同じような検索画面が表示されます。

カテゴリを下の一覧から選択して選ぶこともできますが、多くの項目が表示されるので、ここでは［Appおよびアクションを検索］という入力欄に「経路」と入力してみます。

すると、「経路を開く」「移動時間を取得」など、経路に関連する処理が表示されます。このそれぞれを「**アクション**」といいます。

今回は自宅までの経路を表示したいので、この中から［経路を開く］というアクションを選びます。

これを本書では今後、次のように表記しますので覚えておいてください。

Step 1

検索：経路　→　選択：経路を開く

☑ 位置情報の使用を許可する

位置情報の使用を許可すると、図のような画面が表示されます。これは、ショートカットの中に「経路を開く」アクションが追加された状態です。

これは、現在地（iPhoneの位置情報から取得した現在の場所）から、指定した目的地までの経路を表示してくれるアクションです。

ここで、［目的地］の欄をタップして、目的地の住所を入力します。

✏ **Memo**　位置情報の使用の許可

このアクションを使用するには、iPhoneで位置情報の使用を許可する必要があります。「位置情報サービスをオンにしてください」というメッセージが表示された場合は、画面の指示にしたがって設定してください。

前の手順で［目的地］の欄をタップすると、位置情報をいつ取得するのを許可するかを選択する画面が表示されます。

ここで［1度だけ許可］を選ぶと、今回だけ許可します。基本的には［Appの使用中は許可］を選んでおくとよいでしょう。

これにより、ショートカットアプリを使っているときだけ、ショートカットに位置情報の使用を許可できます。

［Appの使用中は許可］を選ぶ

Tips 住所の入力方法

有名な観光地であれば、住所を入力しなくても、その建物の名前などを入力することもできます。

自宅などであれば、その住所を都道府県から入力する方法が確実です。入力が終われば、右上の［完了］をタップすると、右の図のように目的地が入力された状態になります。

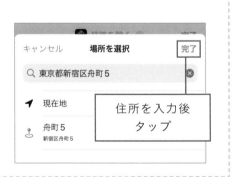

住所を入力後
タップ

☑ 移動手段を指定して実行する

作成した処理を実行する

次に、移動手段を指定します。標準では「車」が選ばれていますが、この部分をタップすると「徒歩」や「自転車」、「交通機関」などを選べます。

> **Tips** 移動手段の選び方
>
> ここで［交通機関］を選んでおけば、電車などの経路だけでなく、最寄りの駅までの徒歩の経路も含めて表示されるため、ここでは「交通機関」を選んでいます。

　使いたい移動手段を選んだら、この時点で画面右下（iPadの場合は右上）にある［▶］というボタンを押してみましょう。

　これは作成したショートカットを実行するボタンです。今回はアクションが1つだけの処理ですが、複数のアクションが並んでいると順に実行されます。

タップするとショート
カットアプリに戻れる

タップすると
道案内がはじまる

実行すると、マップアプリが開いて、設定した場所までの道順が表示されます。そして、［出発］ボタンを押せば、道案内が始まります。

作成したショートカットを変更したい場合は、ショートカットアプリに戻ります。この画面の左上に表示されている［◀ショートカット］を押すと、ショートカットアプリに戻ります。

ショートカットアプリに戻って、そのショートカットの右上に表示されている［完了］を押すと、最初の画面（すべてのショートカット）に戻ります。

作成したものは自動的に保存されていますので、操作がわからなくなった場合は、いったんiPhoneのホーム画面に戻ってからショートカットアプリを開き直しましょう。

作成されたものが「すべてのショートカット」に表示されていればOKです。次回以降は、この［経路を開く］という部分をタップするだけで目的地までの道順を表示できます。

✎ **Memo** 利用者にとって嬉しい経路とは？

地図や乗換案内などのプログラムを作成するには、「最短経路」を求めなければなりません。このとき、単純に距離が短いものだけでなく、所要時間が短いもの、費用が安いもの、などさまざまな考え方があります。

ショートカットアプリでは自動的に経路を求めてくれますが、こういったことを考えることもプログラミングの醍醐味です。

☑ ショートカットの見た目を変える

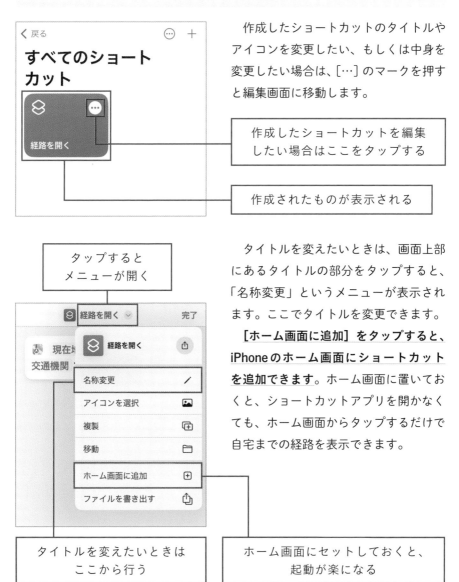

作成したショートカットのタイトルやアイコンを変更したい、もしくは中身を変更したい場合は、[…] のマークを押すと編集画面に移動します。

作成したショートカットを編集したい場合はここをタップする

作成されたものが表示される

タップするとメニューが開く

タイトルを変えたいときは、画面上部にあるタイトルの部分をタップすると、「名称変更」というメニューが表示されます。ここでタイトルを変更できます。

[ホーム画面に追加]をタップすると、iPhoneのホーム画面にショートカットを追加できます。ホーム画面に置いておくと、ショートカットアプリを開かなくても、ホーム画面からタップするだけで自宅までの経路を表示できます。

タイトルを変えたいときはここから行う

ホーム画面にセットしておくと、起動が楽になる

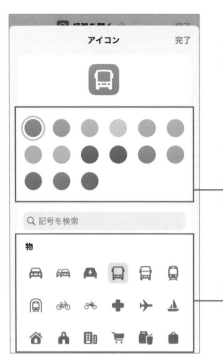

前述したメニューで、[アイコンを選択]を押すと、アイコンの色や記号を変更できます。ホーム画面にショートカットが多くなると、どれがどのショートカットなのかわからなくなるため、そのショートカットを区別できるような色や記号を選ぶとわかりやすいでしょう。

色を選択する

記号を選択する

☑ ウィジェットを活用しよう

iPhoneには「ウィジェット」という機能もあり、ここに登録することもできます。ウィジェットにショートカットアプリを登録するには、ウィジェットの管理画面から「ショートカット」を追加します。

ウィジェットの管理画面を開くには、ホーム画面のアイコンがないところを長押しして、上部に表示される［＋］ボタンを押します。その後、［ショートカット］をタップしましょう。

小さなウィジェットで表示できるショートカットは1つだけですが、大きなウィジェットでは、ショートカットフォルダを作り、複数を並べて表示できます。

このとき、**ウィジェットに表示される
のは、「すべてのショートカット」の中で
上にあるもの**です。このため、よく使う
ショートカットは「すべてのショート
カット」の上部に表示しておく必要があ
ります。

ショートカットの順番を並べ替えるに
は、「すべてのショートカット」の中で移
動したいショートカットを長押しして動
かします。

このように設定しておくことで、作成
したショートカットをホーム画面からす
ばやく実行することができます。

☑ ショートカットを削除するには

ショートカットを削除するには、ショー
トカットアプリの「すべてのショートカッ
ト」の中から削除したいショートカット
を長押しします。すると、メニューが表
示され、その中に「削除」があるので、
これを選べば削除できます。

ここにある「移動」を選べば、フォル
ダを作って移動することもできますの
で、ショートカットが増えたときは分類
して管理できます。

スマホへの指示は「プログラミング」同然

　ショートカットアプリを使うと、事前に登録した内容を1タップで呼び出せるようにできることがわかりました。前述の例では、1つのアクションを実行しただけですが、複数のアクションを並べることで、複雑な処理も実現できます。

　私たちがパソコンやスマホを使うとき、その内部で高度な処理をしているように見えても、実際のプログラムの動作は、書かれていることを上から順番に処理しているだけです。プログラムは「コンピュータに実行させたい処理を順番に書き出したもの」であり、どんなことを実行させたいのか、やりたいことを書き出して、適切な順番で並べればよいのです。

　ショートカットアプリでは、**アクションを縦に並べていけば、それを上から順に処理してくれます。**これも一種のプログラミングだといえます。

　ここでは、実際に操作しながらアクションを並べて実行してみましょう。

☑ 近くにあるコンビニまでの経路を調べる

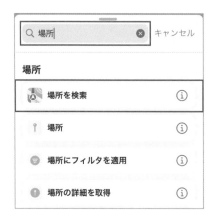

　ショートカットアプリの最初の画面（23ページ参照）に戻って、新しくショートカットを作成します。

Step 1

検索：場所　→　選択：場所を検索

　アクションが追加されたら、[場所]という部分をタップして、たとえば「コンビニ」と入力します。

このアクションで、現在地の近くにあるコンビニの一覧を取得できます。

このアクションにある矢印をタップすると、「近く」の距離を半径で指定できます。

ここまでは上記のようにアクションを選んだだけです。画面右下（iPadの場合は右上）にある［▶］というボタンを押して実行することもできますが、他のアクションも追加してみましょう。

☑ 縦に並べる

このようにアクションを配置したあとでアクションを追加するには、［Appおよびアクションを検索］の入力欄をタップします。すると、上記と同様に、検索するキーワードを入力できる画面が表示されます。ここで、追加したいアクションを選びます。

Step 2

検索：経路　→　選択：経路を開く

このように選ぶと、図のような画面が表示されます。これは、Step 1で選んだアクションに続けて、Step 2で選んだアクションが処理されることを意味します。

そして、2つのアクションは線でつながれていることがわかります。この線は、**前のアクションの結果を次のアクションに渡している**という意味です。

そして、2つ目のアクションには「近くの店舗や企業」と書かれているように、ここに1つ目のアクションの結果が渡されるのです。

☑ 実行する

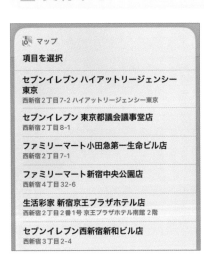

この状態で［▶］ボタンを押して実行すると、現在地の位置情報の使用を許可することを求められます。［許可］を選ぶと、近くにあるコンビニが検索され、その一覧が表示されます。そして、その中から1つ選ぶと、現在地から選んだコンビニまでの経路が表示されます。

このように、**実行したいアクションを縦に並べることで上から順に処理され、前のアクションの結果を次のアクションに渡すことができる**ことがわかります。

☑ アクションの順番を入れ替える

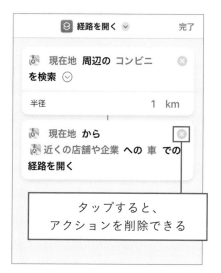

タップすると、
アクションを削除できる

目的地がクリアされ、
線が切れている

配置するアクションを間違えた場合は、アクションの右端にある［×］マークを押すと、削除できます。

追加する順番を間違えた場合は、上記のように削除する方法もありますが、アクションを移動することもできます。

アクションを移動するには、アクションをタップした状態で少し長めに押し、指を離さずに上下に移動します。これにより、アクションの順番を入れ替えられます。

なお、アクションを移動すると、左の図のように「前のアクションの結果」を次のアクションに渡していた部分が外れることに注意してください。

このように、**順番を入れ替えるだけでも正しく動かなくなる**のがプログラミングの難しいところなのです。

✏ **Memo** エラーメッセージの確認

実行ボタンを押したとき、エラーメッセージが表示されることがあります。このときは、入力ミスや入力漏れがないか、メッセージの内容を確認して落ち着いて修正しましょう。

コンピュータとパソコン、スマホの関係

第1章では、私たちの身の回りにはコンピュータがあふれている、という話を書きました。そこで紹介したような家の中にある家電だけでなく、街に出てみると道路の信号や駅の自動改札、スーパーのレジなど、あらゆるところでコンピュータが動いています。

そんな中、コンピュータと聞いてすぐにイメージするものとしてパソコンやスマホがあるでしょう。パソコンも1家に1台の時代から1人に1台の時代になり、スマホは1人1台が当たり前になっています。

では、パソコンとスマホはどう違うのでしょうか？

見た目の違いを考えてみると、パソコンは大きな画面があり、キーボードやマウスで操作します。スマホは小さな画面で、その画面を指でタップして操作します。

一方で、内部のしくみに大きな違いはありません。CPUやメモリの性能に差はあるものの、マイクやスピーカーといったハードウェアが用意されていることも同じです。WindowsやAndroid、iOSなどのOSと呼ばれる基本ソフトウェアがあり、そこにアプリと呼ばれる応用ソフトウェアをインストールして使う、という動作のしくみも同じなのです。

大きな違いとして、センサーやネットワーク機能があります。スマホには、位置情報を測定するGPSや、本体の傾きを検出するジャイロセンサー、移動速度を検出する加速度センサー、方角を調べる磁気センサーなど、多くのセンサーを備えています。また、SIMカードを内蔵していて、単体で通信できるメリットもあります。

この章で紹介した位置情報を正確に測定できるのも、スマホがこういったセンサーやネットワークの機能を備えているおかげです。ぜひスマホならではの、こういった機能を活用してプログラミングを体験してみてください。

第 3 章

入出力は
プログラミング
の基本！

プログラムには「入出力」が
つきものだと理解しよう

　プログラムはどんなものでも「入力→処理→出力」という構成で整理できます。この「入力」は人がコンピュータに与えるもの、「出力」はコンピュータが人に与えるものです。**コンピュータという箱に対して、何かを入れて、何かの結果をもらうという流れ**をイメージするとよいでしょう。

　私たちの身近にあるもので考えると、炊飯器であれば水と米を入力すると、ご飯が出力されます。テレビであればリモコンのスイッチで番号を入力すると、映像が出力されます。

　パソコンの中で動くプログラムも同じで、消費税の計算であれば、税抜の金額を入力すると、消費税額が出力されます。Googleでの検索であれば、キーワードを入力すると、検索結果が一覧として出力されます。

　入力がないプログラムでは、いつ実行しても同じ結果が出力されます。それならプログラムを作る必要はないでしょう。また、出力がないプログラムでは、何か処理をしても結果を受け取ることはありません。結果が必要ないのであれば、実行する必要はありません。

1000円 入力 消費税計算 出力 100円

入力 検索サイト 出力

　一般の人はプログラムの入力と出力だけを知っておけばよく、その処理の内部で何が行われているかを知る必要はありません。何かを入れれば何かが出てくる、中身のわからない箱（ブラックボックス）を想像するといいでしょう。

　一方で、プログラマの仕事はこのブラックボックスの中身を作ることです。どのような入力が与えられたときに、どんな出力を返すのかを考え、その処理内容を決めるのです。

　ここで、「ブラックボックスの中身を作るのは大変そう」だと感じたかもしれません。実際、仕事で使うような本格的なプログラミングでは、専用のプログラミング言語を使って、作り込まなければなりません。

　しかし、本書ではショートカットアプリを使って手軽に実現することを目的にしています。そして、ショートカットアプリでは、「ブラックボックスの中身」を誰でも作れるようにさまざまな処理を用意してくれています。

　このため、iPhoneやiPadでタップして選んでいくだけで、ちょっとした便利なプログラムを簡単に作れるようになっています。中身を細かく理解するのは大変ですが、ショートカットアプリを使えば、プログラムが動くしくみや考え方を知っているだけで、便利なプログラムを簡単に作れるのです。

　この本では、いくつかのサンプルを作ることを通して、その考え方を理解することを目標にしています。ぜひ、入力と出力、そして処理の内容をイメージしながら、次のページ以降でさまざまなアプリを作ってみてください。

01 通訳する
〜翻訳アプリを作る〜

　人間が話した日本語を通訳して、英語で話してくれるプログラムを作ることを考えましょう。この場合、「日本語の音声」が入力で、「英語の音声」が出力です。そして、**処理は「翻訳」、つまり「日本語から英語への変換」**です。

日本語の音声　　　　　　　　　　　　　　　　　　英語の音声

  翻訳
（日本語から
英語への変換） 出力

☑ 音声を入力する

　ショートカットアプリの最初の画面に戻って、新しくショートカットを作成します。

Step 1

検索：音声　　→

選択：テキストを音声入力

アクションを追加したとき、音声入力が有効になっていないと、次のような画面が表示されます。表示されない場合は、問題なく設定されていますので、43ページに進んでください。

左の図のような画面が表示された場合は、音声入力が有効になっていません。

このときは、［音声入力を有効にする］をタップしてください。

タップする

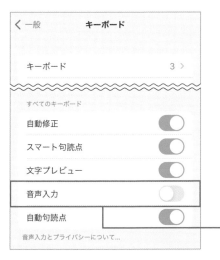

前述の［音声入力を有効にする］をタップすると、キーボードの設定画面が開きます。これは、iPhone全体の設定画面で、音声入力によって文章を入力できるようにするものです。

この設定画面の中から「音声入力」の欄にあるオン・オフの部分を右方向にスライドして、オン（緑色）にしてください。

右方向にスライドして緑色になるようにする

Memo 音声入力とは？

iPhoneのマイクに向かって話すことで、その声をiPhoneが認識して文字に変換し、文章として入力できる機能です。

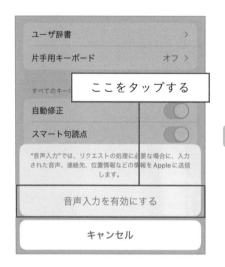

右方向にスライドさせると、次のような確認画面が表示されます。ここで、[音声入力を有効にする]をタップします。

音声入力を有効にすると、他のアプリで文字を入力するときに、キーボードの脇に表示されるマイクのアイコンをタップすることで音声入力ができるようになります。

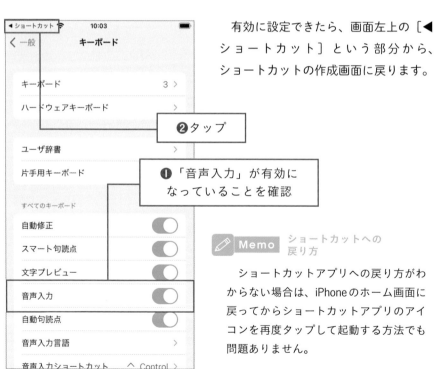

有効に設定できたら、画面左上の[◀ ショートカット]という部分から、ショートカットの作成画面に戻ります。

ショートカットアプリへの戻り方がわからない場合は、iPhoneのホーム画面に戻ってからショートカットアプリのアイコンを再度タップして起動する方法でも問題ありません。

オプションを見るには
ここをタップ

追加したアクションの右にある矢印を押すと、「言語」や「聞き取りを停止」という欄が表示されます。今回は日本語から英語への変換なので、「言語」欄は「日本語」のままでよいでしょう。

そして、「聞き取りを停止」の欄が「停止後」になっていると、話すのをやめた時点で自動的に次の処理に進みます。

☑ 日本語を英語に変換する

続いて、日本語を英語に変換する処理として、翻訳のアクションを追加します。

Step 2

検索：翻訳　→　選択：テキストを翻訳

これは、さまざまな言語の間で翻訳してくれるアクションです。

直前で作ったアクションである「テキストを音声入力」の下に追加すると、線でつながり、「音声入力されたテキスト」の部分に、上の「テキストを音声入力」で話した内容が自動的にセットされます。

そして、「検出された言語」から「英語（アメリカ）」へ翻訳、とあるので、日本語で話した内容を英語に翻訳できます。

まずはここまでで実行してみましょう。右下の［▶］を押すと、音声の入力待ちになりますので、iPhoneに向かって、何か話してみてください。

実行ボタンを押す

たとえば、「これはペンです」と話してみましょう。

すると、自動的に英語に変換され、「This is a pen」と表示されます。

このように、問題なく翻訳できていることがわかります。

話した日本語が英語になって
表示されることを確認

☑ 翻訳結果を読み上げる

次に、この内容を音声として出力することを考えます。

Step 3

検索：読み上げ →
選択：テキストを読み上げる

これは、指定された文章を音声で読み上げてくれるアクションです。

追加したアクションにある矢印を押すと、読み上げる速度やピッチ（音声の高さ）のほか、言語や音声の種類を選べます。

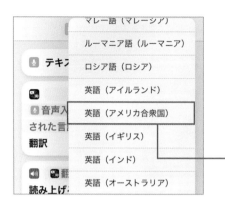

ここでは英語として読み上げてほしいので、「言語」の欄を［英語（アメリカ合衆国)］にしてみましょう（Step 2は翻訳する言語についての設定で、このStep 3は読み上げる言語の設定です）。

タップ

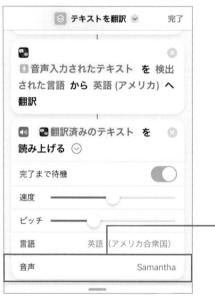

これで完了です。実行して、日本語であなたの話した内容が、英語として読み上げられるかを試してみましょう。

上記のステップで翻訳先の言語を変更すると、異なる言語にも翻訳できますし、読み上げる「音声」を変更すると、男性の声や女性の声にもできます。

男性の声や女性の声など変更できる

✏️ **Memo** 読み上げの音声が出ない場合

　処理を実行すると、動いていそうだけれど読み上げの音声が出ないことがあります。この場合は、読み上げについての音量設定に問題があるなど、いくつかの原因が考えられますので、次を確認してください。

1. Bluetoothのイヤホンなどに接続していないか

イヤホンに接続している場合は、そのイヤホンから音が出ています。イヤホンを取り外すか、イヤホンで聴いてください。

2. Voice Overの音量が小さくなっていないか

iPhoneの本体の横には音量を調整するボタンがあります。通常の状態で設定できるのは、iPhoneの着信音やメディアの音量です。これは、「設定」アプリを開き、「サウンドと触覚」から「着信音と通知オンの音量」にある「ボタンで変更」の部分によって変更できる音量が変わります。

ただし、「読み上げ」はこれらとは異なり、「Voice Over」の音量が関係します。Voice Overの音量を確認するには、次のいずれかの方法で、音声を読み上げます。

1. Safariなどで適当なページを開いて、文章を選択後、共有メニューから［読み上げ］を実行する
2. ［設定］→［アクセシビリティ※1］→［読み上げコンテンツ］→［選択項目の読み上げ］をオンにして、Safariなどで文章を選択し、［読み上げ］を選ぶ

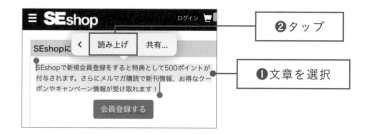

そして、読み上げている最中に、本体の横の音量ボタンを押して音量を調整します。読み上げ中に音量を調整することで、Voice Overの音量を調整できます。もちろん、ショートカットアプリで長い英文を話すように入力して、読み上げている最中に、音量ボタンで調整することもできます。

※1　アクセシビリティ
高齢者や子ども、性別の違い、障害の有無などにかかわらず、多くの人が使えるように工夫されていることを指します。「読み上げ」の機能を使うことで、目が見えない人でも文章を理解できます。

02 URLを簡単に共有する
～QRコードを生成する～

パソコンやスマホで表示しているWebページのURLを、他の人と共有することを考えてみましょう。相手のメールアドレスを知っていれば、メールで送信する方法もありますが、多くの人に知らせるためにチラシに印刷するときに長いURLが書かれていると、そのチラシを見た人が入力するのは面倒です。

そこで、最近ではQRコードを使うことが多くなりました。QRコードを作成するとき、パソコンであれば、最近のEdgeやChromeといったWebブラウザはQRコードを生成する機能を標準で備えています。

今回は**iPhoneでショートカットアプリを使ってQRコードを生成**してみます。

プログラムの考え方

URLなど　　　　　　　　　　　　　　　　　　　　画像の表示

| https://～ | 入力 | QRコードの生成 | 出力 |

Memo QRコードで扱えるデータ

本節を実行してみると、QRコードの作成には特別なソフトウェアが不要だということがわかります。今回はURLをコピーしてQRコードを作成しますが、QRコードに格納できるのはURLだけではありません。

たとえば、今回のショートカットでは、QRコードにちょっとした文章を格納して、他の人と共有することもできます。メモアプリから文章をコピーして今回のショートカットを実行すると、その文章を他の人に渡せます。

最近ではQRコード決済なども普及していますし、バーコードの代替としても使われています。ぜひ活用方法を考えてみてください。

☑ クリップボードから取得する

ここでは、Safari などの Web ブラウザから URL をコピーして使うことを想定します。Web ブラウザなどで URL や文章をコピーすると、「クリップボード」というところにデータが一時的に保存され、他のアプリで取り出せます。これをショートカットから取得します。

Step 1

検索：クリップボード　→
選択：クリップボードを取得

クリップボードを取得するアクションが追加されます。

☑ QR コードを生成する

次に、QR コードを生成します。といっても、特別な操作は必要なく、用意されているアクションを並べるだけです。

Step 2

検索：QR　→　選択：QR コードを生成

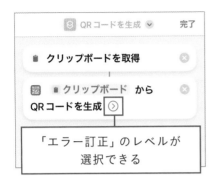

「エラー訂正」のレベルが
選択できる

クリップボードを取得するアクション
から線がつながると、クリップボードの
内容をもとにQRコードを生成できます。

右の矢印から「エラー訂正」のレベル
を選択できますが、標準のまま（中くらい
のレベル）でよいでしょう。

📝 **Memo** エラー訂正とは？

QRコードの一部に汚れがあったときに、一定量までは訂正してくれるしくみで
す。エラー訂正のレベルを上げると、データ以外の部分に訂正用のデータを埋め込む
ため、格納できるデータの量が減ります。

☑ 生成したQRコードを表示する

最後にQRコードを表示します。今回
は「クイックルック」を使用します。

Step 3

検索：**クイック** →

選択：**クイックルック**

📝 **Memo** クイックルックとは？

画像などを表示するときに便利なのが「クイックルック」です。画像だけでなく文
章や音声、動画などを簡単に表示できます。また、表示した内容をファイルに保存し
たり、他の人と共有したりすることも可能です。

「クイックルック」のアクションを追加すると、左の図のように表示されます。

もし入力が上の処理とつながっていないときは、[入力]の部分をタップして[QRコード]を選択します（すでにつながっているときは特に操作は必要ありません）。

「QRコード」を選択

☑ 実行し、QRコードを確認する

❶タップ

❷希望のものを選択

画像の保存などは
ここからも可能

まずはURLをクリップボードに格納します。SafariなどのWebブラウザで何かWebページを開いた状態で、URLの部分をコピーしてください。

そのあとで、このショートカットを実行すると、そのURLにアクセスできるQRコードが生成されます。

ここで、画面上部の矢印をタップしたり、左下の共有ボタンをタップしたりすると、ファイルに保存することもできます。

ファイルに保存したQRコードを、チラシやパンフレットに印刷すれば、それをスマホのカメラで読み込むだけでURLにアクセスできるので便利です。

体重を
ヘルスケアに登録する
〜記録を自動化する〜

iPhoneには「ヘルスケア」というアプリが標準で用意されており、iPhoneを持って歩いた歩数を記録できますが、他にも体重などさまざまな身体に関するデータを登録して管理できます。最近では、iPhoneと連動して記録できる体重計が販売されていて、Bluetoothで連携して測定結果をiPhoneで管理できます。しかし、そういった機能を備えていない体重計を使っている人も多いでしょう。そんな状況で、ヘルスケアアプリに体重を手作業で登録するのはなかなか面倒です。

たとえば、体重と体脂肪率を登録するには、ヘルスケアアプリを開いて、［ブラウズ］→［身体測定値］→［体重］→［データを追加］と順に選んで入力、さらに画面を戻って［体脂肪率］を選んで［データを追加］と選んで、入力する必要があるのです。そこで、**ショートカットアプリから簡単にヘルスケアアプリに体重を登録**できるようにしてみます。

プログラムの考え方

☑ 体重の入力画面を表示する

まずは体重を入力するアクションが必要です。ここまでに紹介した方法を使って、通訳のように音声で入力する方法や、クリップボードから入力する方法などもありますが、数字を入力するだけなので、ここで［入力を要求］というアクションを使います。

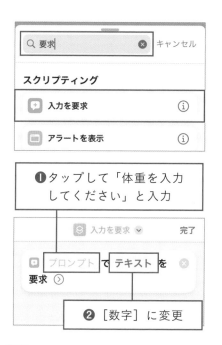

Step 1

検索：要求 → 選択：入力を要求

　このアクションを選ぶと「プロンプトでテキストを要求」と表示されます。この「プロンプト」の部分に指定した文言が、入力するときに表示されます。たとえば、「体重を入力してください」と入れておきます。

　そして、[テキスト] という部分で入力できる内容を指定します。「テキスト」は文字なら何でも入力できてしまいますが、今回は体重を入力したいので、[数字] に変えておきます。

✏️ **Memo** 1は2種類ある

　コンピュータは、文字の「1」と数字の「1」を違うものとして認識します。文字だと計算などができないため、データの形式を意識しましょう。

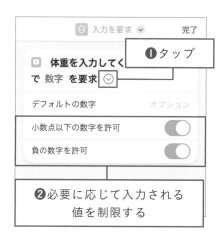

　「テキスト」の部分を「数字」に変えてから、右の矢印を押すと、デフォルトの数字（初期値）を指定したり、小数点以下の数字を許可したり、負の数字を許可したりできます。

　体重の場合は、負の数になることはないので、「負の数字を許可」についてはオフにしておいてもよいでしょう。

☑ ヘルスケアアプリに登録する

次に、入力された値をヘルスケアアプリに登録します。

Step 2

検索：ヘルスケア →
選択：ヘルスケアサンプルを記録

 **Memo** プログラミングにおける
「サンプル」の意味

「サンプル」という言葉から「お試し」のようなイメージを受ける人もいるかもしれませんが、「サンプル」には「標本」という意味があり、分析のためのデータの記録を意味します。

このアクションでは種類と日付を選択できます。[種類] の行をタップすると、記録できる内容の一覧が表示されます。

たくさんの種類が表示されますが、この中から、ここでは [体重] を選びます。

記録する値の種類を選べる。
ここでは、[体重] を選択

すると、図のように「アクセス権がありません」というメッセージが表示されます。これは記録したい項目を指定する最初のときだけですが、表示された場合は［アクセスを許可］をタップしてください。

この画面が表示されなかった場合は、56ページに進んでOKです。

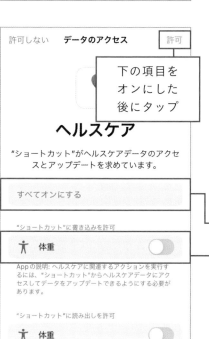

［アクセスを許可］をタップすると、許可するものを選ぶ画面が表示されます。ここで、許可するものとして「体重」の［書き込みを許可］をオンにします。なお、一番上にある［すべてオンにする］を選ぶとまとめてオンにできます。

オンにしたあと、右上の［許可］をタップします。

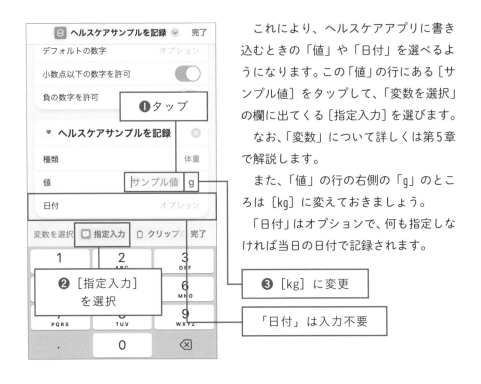

これにより、ヘルスケアアプリに書き込むときの「値」や「日付」を選べるようになります。この「値」の行にある［サンプル値］をタップして、「変数を選択」の欄に出てくる［指定入力］を選びます。

なお、「変数」について詳しくは第5章で解説します。

また、「値」の行の右側の「g」のところは［kg］に変えておきましょう。

「日付」はオプションで、何も指定しなければ当日の日付で記録されます。

☑ 体脂肪率についても同様に入力する

上記のように、入力と処理の2ステップで実現できるものもあります。この場合、出力はありませんが、ヘルスケアアプリの記録エリアに登録されているため、内容を見たい場合は、ヘルスケアアプリを開きます。

このように、違うアプリと組み合わせる方法があることも知っておきましょう。

ここでは、さらに体脂肪率の入力画面を表示して、ヘルスケアアプリに登録してみましょう。

Step 3

検索：要求　→　選択：入力を要求

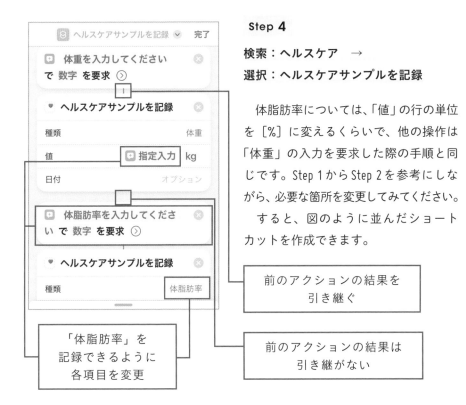

Step 4

検索：ヘルスケア　→

選択：ヘルスケアサンプルを記録

　体脂肪率については、「値」の行の単位を［%］に変えるくらいで、他の操作は「体重」の入力を要求した際の手順と同じです。Step 1 から Step 2 を参考にしながら、必要な箇所を変更してみてください。

　すると、図のように並んだショートカットを作成できます。

前のアクションの結果を
引き継ぐ

前のアクションの結果は
引き継がない

「体脂肪率」を
記録できるように
各項目を変更

　前のアクションの結果を引き継ぐこともできますし、引き継がずに新たなアクションを実行することもできることがわかります。いずれにしても、アクションを上から下に並べることで、それらを順番に処理してくれるのです。

　このショートカットを1度実行するだけで、体重と体脂肪率をそれぞれ登録できます。その他、記録したい項目があれば、上記のように入力と登録のステップを繰り返すだけです。このように、いくつでも並べて連続して実行できるのがプログラムの醍醐味です。このショートカットをウィジェットに登録しておくと、毎日の登録でもそれほど負担なくできるでしょう。

04 おしゃれな写真を作る
〜画像を加工する〜

　写真を撮影したあと、その写真を使ってパンフレットなどを作成することがあります。このとき、写真の一部を切り抜いたり、回転させたりといった加工はよく使われます。

　専用のソフトを使う方法もありますが、**複数の写真に対して同じ加工を施すときは、プログラムを作って処理**したいものです。ショートカットアプリにも画像の加工についてのアクションが用意されているので、それを組み合わせてみます。

プログラムの考え方

写真を選択　　　　　　　　　　　　　　　　　　　　　**加工結果の表示**

　入力　　写真の加工　　出力　

Memo 画像のファイル形式を知っておこう

　画像を保存するときには、次の表のようなファイル形式があります。一般的なカメラで撮影した写真は、画像を「JPEG」という形式で保存します。多くの写真管理アプリが対応している形式ですが、最近のiPhoneでは写真の保存に「HEIF(HEIC)」という形式もよく使われます。

ファイル形式	扱える色	圧縮	透過	用途
BMP	約1677万色	なし	非対応	画像の保管
JPEG	約1677万色	非可逆	非対応	写真
PNG	256色または約1677万色	可逆	対応	イラスト
GIF	256色	可逆	対応	ロゴ、イラスト
HEIF(HEIC)	約10億6433万色	非可逆	対応	写真

☑ 写真を選択する

まずは撮影した写真を選択します。iPhoneでは撮影した写真が写真アプリに保存されているため、ここから使う写真を選択します。

Step 1

検索：写真　→　選択：写真を選択

このアクションは、写真アプリに保存されている写真から選択する画面を表示するだけでなく、選んだ写真を次のアクションに渡せます。

このアクションの右の矢印を押すと、写真を選択するときのオプションを設定できます。

たとえば、複数の写真を選択できるように設定することもできます（複数の写真を選択して順に処理する方法は第5章で紹介します）。ここではオフにしておきます。

前の手順の「含める」という行で［すべて］になっている部分をタップすると、選択できる写真に動画などを含めるかを選択できます。静止画だけにしたい場合は、この画面で［イメージ］だけにチェックを入れます。

 **Memo** Live Photosのしくみ

Live Photosはシャッターを押す前後の1.5秒を記録して、その中から1コマを静止画として扱えるしくみです。

静止画だけを選択できるようにすると、このように「イメージ」だけが表示されます。

☑ 写真を加工する

次に、選んだ写真を加工します。ここでは「マスク」を使ってみます。

Step **2**

検索：マスク　→
選択：イメージをマスク

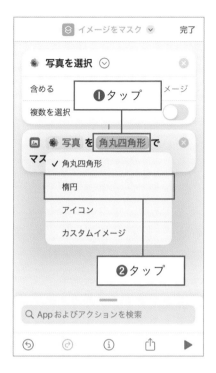

マスクとは、不要な部分を隠すことです。このアクションでは、写真を「角丸四角形」や「楕円」などさまざまな形でマスクできます。

ここでは、「楕円」でマスクしてみます。これにより、画像の中心部分を楕円形に切り出したような画像を生成できます。

このアクションの、[角丸四角形]の部分をタップして[楕円]に変更します。

> 💡 **Tips** いろいろな形のマスクにチャレンジしてみよう
>
> 「角丸四角形」の場合は、角の半径を指定できますし、「アイコン」を選ぶと指定したアイコンの形でマスクできます。

☑ 加工した写真を表示する

最後に、マスクした写真を表示します。ここでも上記で紹介した「クイックルック」を使用します。

Step 3

検索：**クイック**　→
選択：**クイックルック**

これらの処理を並べると、図のようになります。

これも「入力→処理→出力」の構成になっていることがわかるでしょう。

このショートカットを実行すると、写真を選択する画面が表示されます。

好きな写真を選択する

いずれかの写真を選ぶと、楕円にマスクした画像が表示されます。あとはこの画像を保存したり、他の人と共有したりするとよいでしょう。

写真が楕円にマスクされる

! Attention ファイル形式に注意！

図では、写真の周囲が白くなっているように見えますが、マスクすると周囲は透明になっています。このため、背景に色が付いた部分にこの画像を貼り付けると、背景は色が付いた状態で使えます。

JPEG形式で保存すると透明の色は表現できないため、PNG形式などに変換するとよいでしょう。

05 写真を縮小する
〜データを軽くする〜

　撮影した写真をブログなどに投稿するとき、写真のサイズが大きすぎる場合があります。最近のiPhoneはカメラの解像度が高く、きれいな写真が撮れる一方で、ファイルサイズが大きくなるのです。

　最近はストレージの容量も大きくなっており、写真の容量が大きくても問題ないことも増えていますが、ブログなどに投稿するときは大きな容量の写真は表示するまでに時間がかかります。**パケットの通信量も増えるため、可能であれば写真を縮小して容量を減らす**ことが求められます。

プログラムの考え方

写真を選択　　　　　　　　　　　　　　　　　**縮小結果の表示**

　入力〉　写真の縮小　出力〉　

 Memo 写真のファイルサイズ

　1枚の写真がストレージに占める容量は解像度だけでなく、色の数によっても変わります。このため、同じ大きさの写真でも、それぞれの写真がストレージを占める容量は異なります。また、前節で紹介したファイル形式によっても変わります。

　写真の色の数を減らすこともできますが、色の数を減らすとせっかく撮影した写真の見た目が大きく変わるため、写真の容量を減らすには幅と高さを小さくする（縦と横のピクセル数を減らす）ことが有効です。

 Memo 解像度とは？

　解像度は「一定の長さの間に並ぶ画素（ピクセル）の数」を意味します。一般的には、dpiという単位が使われ、画像の幅1インチ（約2.54cm）に並ぶ点の数（ピクセル数）で表します。

☑ 写真を選択する

前節の画像の加工と同様に、まずは撮影した写真を選択します。各種設定は図を参考にしてください。

Step 1

検索：写真　→　選択：写真を選択

☑ サイズを変更する

次に、選択された写真を縮小します。

Step 2

検索：サイズ　→
選択：イメージのサイズを変更

このアクションでは、画像の横幅や高さを指定して写真のサイズを変更できます。また、割合（%）を指定したり、一番長い辺の長さを指定したりすることもできます。

✏️ **Memo** アクションの検索

他にも、アクションを検索するときに、「イメージ」というキーワードを指定すると、写真に対してさまざまな加工ができるアクションが用意されています。ぜひ試してみてください。

図のように指定すると、幅が640ピクセルで、それに合わせて高さが自動的に決まります。逆に、幅を空欄にして自動設定にして、高さだけを指定することもできます。

横長の画像や縦長の画像がある場合も、横幅を固定できて便利です。幅と高さの両方を指定することもできます。

☑ 縮小した写真を表示する

最後に、縮小した写真を表示します。ここでも「クイックルック」を使用します。

Step 3

検索：クイック　→
選択：クイックルック

アクションを追加したときに、それぞれのアクションが線でつながっていることを確認してください。

実行すると、写真を選択する画面が表示され、写真を選ぶと、サイズを縮小した画像が表示されます。この画像を保存し、SNSなどに投稿するとよいでしょう。

06 書式なしで貼り付ける
～テキスト情報だけ取得する～

Safariなどの Web ブラウザを使って Web ページから特定の範囲をコピーして、メモアプリやメールソフトに貼り付けることがあります。このとき、単純に貼り付けると、見出しやリンクなどの書式が付いたまま貼り付けられます。

つまり、大きな文字は大きく、リンクも付いた状態でコピーできるのです。これは便利な一方で、単純にテキストだけを取得したいこともあるでしょう。

そこで、クリップボードにコピーした内容から書式を除去して、再度クリップボードにコピーする処理を作成してみます。

プログラムの考え方

書式付きの文章

iPhoneとは
iPhoneはApple社が開発したスマートフォンです。

入力 〉 テキストだけを取得 出力 〉

書式なしの文章

iPhoneとは
iPhoneはApple社が開発したスマートフォンです。

☑ クリップボードを取得する

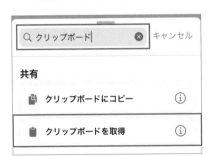

まずはクリップボードを取得します。

Step 1

検索：クリップボード　→

選択：クリップボードを取得

このクリップボードには文章だけでなく画像などが格納されている可能性がありますが、特に意識することなく、その内容を取得することにします。

☑ テキストだけを取得する

次に、取得した内容からテキストだけを取得します。

Step 2

検索：テキスト　→　選択：入力からテキストを取得

このアクションでは、上記で取得したクリップボードの内容からテキストだけを取得できます。

つまり、画像などが格納されていても、このアクションでテキスト以外を取り除くことができるのです。

アクションを追加すると、図のように線でつながり、クリップボードから取得した書式付きのテキストから書式を除去したテキストに変換できます。

☑ クリップボードにコピーする

最後に、このテキストをクリップボードにコピーします。

Step 3

検索：**クリップボード** →
選択：**クリップボードにコピー**

Safariなどで見出しやリンクが含まれた部分の文章をコピーしてから、この
ショートカットを実行し、メモアプリなどに貼り付けてみてください。書式が除
去されたものが貼り付けられることがわかります。

写真アプリから画像をコピーしてから貼り付けると、ファイル名などが貼り付
けられますし、Safariで画像をコピーしてから貼り付けると、画像のURLが貼り付
けられます。このように、単純にテキストだけを抽出しているものですが、意外
と便利に使えます。

ショートカットはmacOSでも実行できますので、パソコンのMacでもこの書式
を取り除く処理を実行できます。クリップボードにコピーしたものから書式を除
去して貼り付けたいときには便利です。

第 **4** 章

リストから選択して
処理を
簡単にする

複数のデータから
選ぶ処理を作る

インターネット上のサービスに会員登録したり、アンケートに回答したりするとき、複数の選択肢の中からいずれかを選んで入力することはよくあります。たとえば、住所を入力するときに都道府県の一覧から住んでいる都道府県を選ぶ、血液型の一覧から自分の血液型を選ぶ、といった使い方です。

選択肢を事前に
準備しておくと
便利になる！

処理の結果として受け取る値は1つだけですが、複数の選択肢を用意しておく必要があります。ショートカットアプリでは、このような選択肢を「リスト」として作成できます。

都道府県や血液型であれば、作成するリストの値は文字だけですが、ショートカットアプリでのリストは文字を入力して作成するだけではありません。他のアプリから複数のデータを選ぶことでリストと同様の処理を実現できます。

たとえば、写真アプリから1つの写真を選ぶ、音楽再生アプリから1つの曲を選ぶ、といった場合です。これらも考え方は同じで、複数の選択肢から1つのデータを選んでいるといえます。

単純に選ぶだけでなく、選んだ値によって処理の内容を分けたいことがあります。第6章で紹介する条件分岐を使う方法もありますが、ここでは「メニュー」という方法を紹介します。これはショートカットアプリだけで使える方法で、一般的なプログラミング言語では用意されていませんが、**選んだ項目に合わせて処理の内容を手軽に分けられる**ため便利です。この章では、リストとメニューを組み合わせてさまざまな処理を切り替える方法を紹介します。

01 ワンタッチで電話する
～任意のリストを作る～

　電話をかけるときは、電話アプリを開いて、連絡先の中から宛先を選んで発信することが多いでしょう。よく電話する相手を電話アプリに用意されている「よく使う項目」に登録する方法もありますが、ここではホーム画面からすぐに発信できるものを作ってみます。

　電話する先が1つであれば、その人に発信するだけのショートカットを作ることもできますが、ここでは起動したときにリストを表示し、その中から連絡先を選んで発信するものを作ります。

プログラムの考え方

連絡先のリスト　　　　　　　　　　　　　　　　　　　**電話の発信**

　入力　　連絡先の選択　　出力　

☑ 連絡先のリストを作る

まずは連絡先のリストを作ります。

Step 1

検索：連絡先　→　選択：連絡先

このアクションを使うと、iPhoneの連絡先に登録されている人の中から、特定の人を選んだ一覧を作成できます。

iPhoneに登録している連絡先が多くなっても、ここで独自のリストを作成しておくと、選ぶ手間が少なくなります。

アクションを追加すると、図のように表示されます。これを見ると、連絡先を1つしか設定できないように見えますが、連絡先を選ぶたびに入力欄が追加されます。

候補に登録したい
連絡先を選ぶ

前図の入力欄をタップすると、図のように連絡先を選択する画面が表示されます。このような名前の一覧から、連絡先の候補にしたい名前を選択します。

✎ Memo リストの並び順

リストとして並べたい順番に連絡先を選ぶと、その順番に表示されます。このため、五十音順に選ぶのではなく、表示したい順番に選ぶとよいでしょう。

タップすると名前を
追加できる

名前を選ぶことを繰り返すと、図のように複数の連絡先が並びます。

間違えて選んだ場合は、長押しして削除することもできます。

☑ 連絡先のリストから選択する

次に、作成した一覧から、1つの連絡先を利用者が選ぶ処理を作ります。

Step 2
検索：**リスト**　→
選択：**リストから選択**

このアクションを使うと、リストの中から選ぶ画面が表示され、選んだものが次のアクションに渡されます。

❶タップする

❷オフにする

アクションを追加すると、図のように表示されます。アクションの右の矢印をタップすると、複数を選択することもできます。今回は電話として発信したいので、この機能はオフにしておきます。

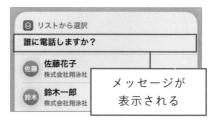
☑ 選んだ連絡先に発信する

最後に、選んだ連絡先に発信します。

Step 3

検索：発信　→　選択：発信

　これは、iPhone の標準機能である電話
アプリを使った発信になります。

　通話料が安くなるサービス（「イオンでんわ」
や「BIGLOBE でんわ」など）に加入しており、
特定のアプリから発信したい場合は、そ
のアプリがショートカットからの呼び出
しに対応していないといけません。

このアクションを追加すると、図のように上から順に線でつながり、選択した連絡先に発信できるようになります。

線でつながる

☑ 実行する

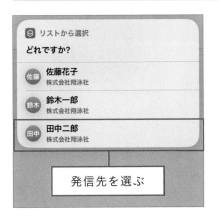

発信先を選ぶ

このショートカットを実行すると、図のようにリストに登録した連絡先の一覧が表示されます。そして、いずれかの連絡先をタップすると、その連絡先に登録されている電話番号に電話で発信できます。

> **💡 Tips** 電話以外の項目を使う
>
> ここでは連絡先に登録されている電話番号を使用しましたが、連絡先に住所を登録しておくと、選んだ連絡先までの経路を表示することもできます。また、URLを登録しておくと、選んだ連絡先に登録されているURLを開くこともできます。ぜひ他の項目も使ってみてください。

02 写真から動画を作る
〜画像をつなげて動画にする〜

　YouTubeやTikTokなどを使う人が増え、ネットワークも高速になったことで動画を閲覧するだけでなくアップロードする人も増えています。また、結婚式などのイベントでも過去の写真を組み合わせて動画を作ることもあります。

　このとき、動画編集ソフトを使う方法もありますが、**等間隔で写真を並べるだけのスライドショーのような動画であれば、アニメーションGIFという方法があります。**ショートカットを使えば、動画編集ソフトを使うよりも簡単に作成できるのです。

プログラムの考え方

写真を選択 動画を表示

 入力　アニメーションを
作成する 出力

✎ **Memo** 動画のファイルサイズ

　たくさんの写真をコマ送りにして動画を作成すると考えると、膨大な写真が必要で、容量もそれだけ大きくなります。しかし、一般的な動画では前後のコマはほとんど同じ内容であることが多く、圧縮の技術により、ファイルサイズの増加をある程度抑えられています。

☑ 写真を選択する

まずは動画を作成するために必要な写真を選択する処理を作成します。

Step 1

検索：写真 → 選択：写真を選択

このアクションでは、ショートカットを実行したときに写真アプリが開き、その中から写真を選択できます。

❶タップ

❷オンにする

動画を作るためには、複数の写真が必要です。そこで、[複数を選択]を右にスライドしてオンにしておきます。

☑ アニメーションGIFを作成する

次に、アニメーションGIFを作成します。

Step 2

検索：GIF → 選択：GIFを作成

GIFは画像を保存するファイル形式ですが、アニメーションGIFを使うと、画像を切り替えながら連続して表示できます。

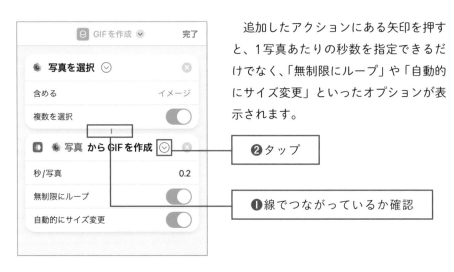

追加したアクションにある矢印を押すと、1写真あたりの秒数を指定できるだけでなく、「無制限にループ」や「自動的にサイズ変更」といったオプションが表示されます。

❷タップ

❶線でつながっているか確認

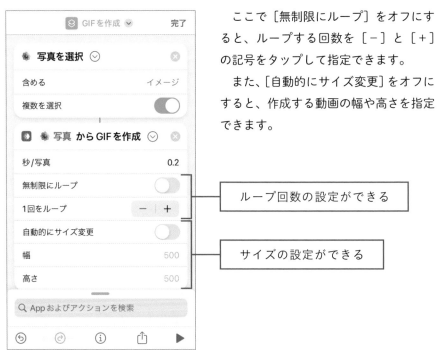

ここで［無制限にループ］をオフにすると、ループする回数を［－］と［＋］の記号をタップして指定できます。

また、［自動的にサイズ変更］をオフにすると、作成する動画の幅や高さを指定できます。

ループ回数の設定ができる

サイズの設定ができる

☑ 生成した動画を表示する

最後に、生成されたアニメーションGIFを表示したり保存したりすることを考えます。動画であっても、第3章で解説した「クイックルック」が使えます。

Step 3

検索：**クイック**　→
選択：**クイックルック**

「クイックルック」で表示すると、作成できた映像を確認できるだけでなく、写真アプリなどに保存できます。

📝 **Memo** 音声をつけたい場合

今回作成しているアニメーションGIFは、あくまでも写真を並べたものであり、音声をつけることはできません。

音声をつけるには動画の形式を変換する必要があります。このショートカットで作成したものをMP4などの形式に変換し、動画編集ソフトで編集するとよいでしょう。

☑ 実行する

このショートカットを実行すると、写真を選択する画面が表示されます。

タップして選択

そして、ここでは複数の写真を選択できます。写真の上でタップすると、図のようなチェックマークが右下に表示されます。

チェックマーク

写真を選択し、[Add]（[追加]）ボタンを押すと、自動的にアニメーション動画が作成され、表示されます。

表示された内容を保存するには、左下にある共有ボタンを押して、[画像を保存]を押すと、写真アプリに保存されます。また、["ファイル"に保存]を押すと、iCloudなどに保存できます。

指定した間隔で
切り替わって表示される

03 ホーム画面の アイコンを減らす
～使用頻度に合わせてまとめる～

　最近はQRコード決済が普及し、さまざまなアプリが登場しており、複数のアプリを使い分けている人も多いでしょう。すると、ホーム画面に多くのアイコンが並んでしまい、アプリを探すのが大変になってしまいます。

　しかも、店によってお得なアプリが異なり、その店でお得なアプリをうまく選べない、という問題があります。これは、そもそもお店とアプリの名前が対応していないことが原因です。

　そこで、**アプリの名前とは別に店の名前などを選んでアプリを呼び出す方法**が考えられます。ここでは、ショートカットアプリでメニューを作成し、その中から選んでアプリを呼び出す方法を解説します。

プログラムの考え方

アプリ

なし 　入力 　メニューを 用意 　メニューに 対応する アプリを開く 　出力

☑ アプリのリストをメニューとして作る

まずは選択して起動したいアプリのリストを作成します。

Step 1

検索：メニュー　→　選択：メニューから選択

これまではリストから選んだ値をそのまま次のアクションで使いましたが、ここではメニューとしてリストを表示して、それぞれの選択肢に対応するアクションを選ぶ処理を作成します。

選択肢

対応する処理

このアクションを追加すると、図のようにメニューを作成する画面が表示されます。初期状態では「1件」「2件」という選択肢でメニューが作成されます。

そして、そのメニューを選んだときに対応する処理を作成する部分が画面下部に表示されています。

❷タップする

❶タップして表示したい名前を入力

このメニューの選択肢に、表示したい名前を入力します。ここでは、「写真」「マップ」「カレンダー」と入れています。

これらは、アプリの名前と違っても問題ありません。わかりやすい名前をつけておくとよいでしょう。

この時点では、画面下部の対応する部分が更新されないことがあるため、いったん右上の完了を押します。

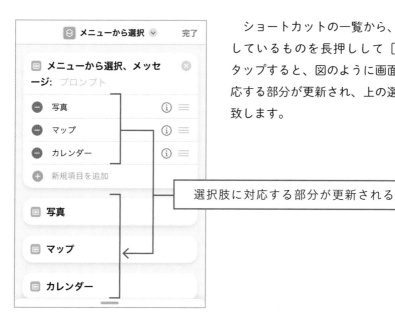

選択肢に対応する部分が更新される

ショートカットの一覧から、今回作成
しているものを長押しして［編集］を
タップすると、図のように画面下部の対
応する部分が更新され、上の選択肢と一
致します。

☑ アプリを開く

次に、リストで表示されたものに対し
て、それぞれ違うアプリを開く処理を作
ります。

Step 2

検索：開く　→　選択：Appを開く

アクションを追加すると、図のように一番下に追加されます。

ここでは、メニューから［写真］という選択肢を選んだときに、写真アプリを開く処理を追加したいので、アクション「App を開く」を「写真」という分岐の下に移動します。

移動するには、移動したいものを長押しして指を画面から離さずに動かします。

末尾に追加されたものを
長押しして移動する

そして、［App］の部分をタップすると、次のようにアプリの一覧が表示されます。この中から開きたいアプリを選択します。今回は写真アプリを開きたいので、［写真］をタップします。

なお、ここではメニューの「写真」という選択肢に対して「写真」というアプリを選んでいますが、Step 1 で指定する名前は自由に変えて構いません。

この名前をうまく設定すると使いやすくなるでしょう。

これによって、「写真」という分岐の下に、「写真を開く」というアクションが追加されました。

分岐の下に追加された

☑ 他のアプリを開く処理を追加する

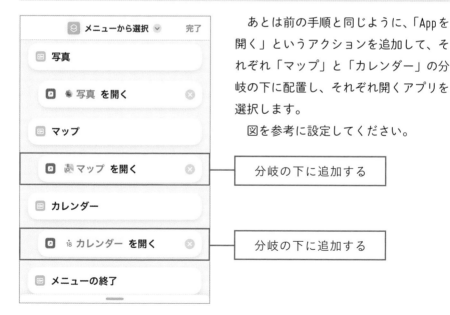

あとは前の手順と同じように、「Appを開く」というアクションを追加して、それぞれ「マップ」と「カレンダー」の分岐の下に配置し、それぞれ開くアプリを選択します。

図を参考に設定してください。

分岐の下に追加する

分岐の下に追加する

☑ 実行する

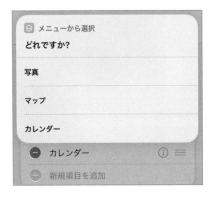

このショートカットを実行すると、図のようなメニューが表示されます。

見出し部分に「どれですか?」と表示されていますが、これを変更したい場合は、Step 1の「メニューから選択」の中で［プロンプト］を指定し、テキストを入力しましょう。

上記で［写真］を選べば写真アプリが、［マップ］を選べばマップアプリが、［カレンダー］を選べばカレンダーアプリが開くことがわかります。

ぜひメニューに表示される名前を工夫して、それぞれの名前に対応するアプリを起動できるように設定してみてください。

✏ Memo　アプリを開く以外に使う

ここではアプリを開く方法を解説しました。冒頭で紹介したように、決済アプリを開くなどの使い方もできますが、アプリを開く以外に使うのも便利です。
たとえば、第2章で解説した経路を求めるものと組み合わせると、よく行く場所を選択して経路を表示できます。ぜひ使ってみてください。

04 SNSに簡単に投稿する
～処理を簡略化する～

　前節では、メニューの選択肢に応じて、アプリを起動するだけでした。しかし、アクションの結果に応じて処理の内容を変えたい場合があります。

　ここでは、TwitterやInstagramなどのSNSに写真を投稿することを考えます。SNSでは、文章だけでなく写真や動画を投稿でき、文章だけの投稿よりも、写真などがあった方が多くの反応が得られると言われています。

　文章と併せて写真を投稿しようと考えると、Twitterなどのアプリを開いて投稿ボタンを押し、文章を入力してから写真を選択します。しかし、リアルタイムにつぶやきを投稿するとき、わざわざ写真を選ぶ作業も面倒なものです。多くの場合、投稿に使う写真は直前に撮影したものが多いでしょう。

　そこで、**最新の写真を簡単に投稿する**ことを考えます。写真を見て、投稿先を選べるようにしておくと便利です。たとえば、最後に撮影した写真が選択された状態で、SNSを選んで投稿画面を開くようにしてみます。

プログラムの考え方

最新の写真を
取得

入力

メニューを
用意

メニューに
対応する
SNSを開く

SNSアプリを
開く

出力

✎ **Memo** 便利な機能を使うにはインストールが必要

　SNSに投稿するには、対応するSNSのアプリがインストールされている必要があります。また、それぞれのSNSにログインしておきましょう。

☑ 最新の写真を取得する

まずはツイートするための写真を選び
ますが、手動で選ぶのではなく、最新の
写真を自動的に選択します。

Step 1

検索：写真　→
選択：最新の写真を取得

アクションを追加すると、図のように
なります。なお、右の矢印からオプショ
ンとして、スクリーンショットを含める
かどうかを選択できます。

☑ SNSのメニューを作る

次に、投稿するSNSを選ぶメニューを
作成します。

Step 2

検索：メニュー　→
選択：メニューから選択

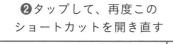
❷タップして、再度この
ショートカットを開き直す

そして、図のように「Twitter」と「Instagram」という選択肢を用意します。ここでも、メニューの選択肢に入力したあとで、右上の完了ボタンを押してから再度このショートカットを開き直すと、対応する部分に反映されます。

❸選択肢に対応する部分
が反映される

✏️ **Memo** 最新のものを使う

　パソコンやスマホではファイルを「名前」で並べ替えることもありますが、「更新日時」などで並べ替えることもあります。
　直近で作成したり編集したりしたファイルはよく使うので、「最新のもの」を扱う処理はプログラミングでよく使われます。

☑ Twitter にツイートする

次に、Step 1で選んだ写真を使ってTwitterのツイートを作成します。

Step 3

検索：ツイート　→　選択：ツイート

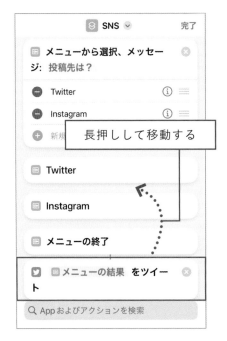

このアクションを追加すると、アクションが一番下に並び、「メニューの結果」をツイートするように設定されます。

これでは困るので、追加されたアクションを長押しして、「Twitter」という選択肢と対応する部分の下に移動します。

なお、この機能を使うには、Twitterアプリをインストールして、サインインしておく必要があります。

このように、移動すると、ツイートする内容の部分が空欄になります。ここで、内容の部分をタップして、[最新の写真]を選択します。

✏ **Memo** 文章を投稿する

ツイートする内容の部分に文章を入れると、その内容が入力された状態でツイート画面が開きます。これを利用して文章を投稿するショートカットも、ぜひ作ってみてください。

☑ Instagram に投稿する

同じように、最新の写真をInstagramに投稿します。

Step 4

検索：Instagram →
選択：Instagram に投稿

❶この位置に移動

❷タップして
［最新の写真］を選択

これも同じように、メニューから「Instagram」を選んだときに対応する部分にアクションを移動し、［最新の写真］を選択します。

☑ 実行する

アクションを実行すると、写真アプリに入っている写真の中から最新の写真が自動的に選択されます。そして、投稿するSNSを選択する画面が表示され、「Twitter」を選ぶとツイート画面が、写真がセットされた状態で開きます。

あとは、ツイート内容を入力して、手動でツイートします。

しくみをどこまで理解しておくべき？

　ショートカットのようなツールを使うと、それぞれのアクションが内部でどのように動いているのか知らなくても、実用的なプログラムを簡単に作れることがわかります。

　実際に、一般的な利用者にとっては、プログラムの中身やその裏側のしくみを理解しておく必要はありません。炊飯器を使うときには、そのしくみを知らなくてもご飯を炊けますし、車を運転するときにも、エンジンのしくみを知らなくても運転できます。

　もちろん、壊れた炊飯器を修理する電気屋さんや、車の点検をする車検事業者であれば、しくみを理解しておく必要はありますが、多くの利用者にとっては「使えればよい」のです。これは企業で働くプログラマがプログラミングするときも同じです。

　プログラムを作るときには、外部の開発者が作成した「ライブラリ」と呼ばれる機能を使うことがあります。このとき、そのライブラリの中身を知っておく必要はありません。たとえば、メールを送信するならメール送信のライブラリを、数学的な計算をするなら数値計算のライブラリを使いますが、多くのプログラマはその中身を理解しているわけではありません。便利なライブラリが提供されていれば、そのライブラリの使い方だけを知っていればよいのです。

　もちろん、こういったプログラムを作れることがわかると、その裏側がどのように動いているのか、そのしくみに興味を持った人がいるかもしれません。そのような人は、ぜひプログラミングやアルゴリズムなどの専門書を読んでみてください。

　最近では、AI（人工知能）などについても、そのしくみを解説した本がたくさん登場しています。こういった本を読むと、専門的なプログラムがどのように動いているか見えてくるでしょう。

第 5 章

一時的に
データを保存し、
計算を
しやすくする

データを一時的に保存する「変数」を理解する

　ここまでの章では上から順番に処理して、先に処理した結果を受けて次の処理を行いました。このように順に処理するだけであれば単純ですが、実際にはもっと複雑な処理をしたいこともあります。

　たとえば、カレーライスを作るには、「ご飯を炊く」という処理と「カレーを煮る」という処理があったときに、最後にはそれらを合わせて「盛り付ける」という工程が必要です。

ご飯を炊く処理

ご飯を炊く

カレーを作る処理

カレーを煮る

2つの結果を使いたい

盛り付ける

　これは、「ご飯を炊く」「カレーを煮る」という処理を別々に実行し、それぞれの結果をまとめた処理を実行したい状況です。

　連続する処理であれば、前の結果を引き継ぐことができますが、他の処理が間に入ると引き継ぐことができないのです。

　そこで、**それぞれの処理の結果をどこかに保存しておく必要があります。**

☑ 変数とは？

　一般的なプログラミング言語には「**変数**」という考え方が用意されています。これは、数学の1次関数の式（$y = ax + b$）などで使った変数xやyと同じように、場所を用意しておいて値を自由に変えられるものです。

　これをコンピュータでも実現するために、コンピュータのメモリ上にデータを保存しておく場所が用意されています。そして、保存しておきたい場所に名前をつけます。この場所には、プログラムが実行されている間だけデータが保存されており、格納されている値を読み出すこともできます。そして、そのプログラムの実行が終わると自動的に消去されます。

```
                        x              y
メモリ ┌──┬──┬──┬──┬──┬──┬──┬──┬──┐
      │  │  │  │  │  │  │  │  │  │ …
      └──┴──┴──┴──┴──┴──┴──┴──┴──┘
```

　テーブルの上に複数のお皿が並んでいて、それぞれに名前がついていると考えるとよいでしょう。 そして、その名前を指定して、お皿にご飯やカレーを入れておき、それを組み合わせて盛り付けられるのです。

☑ ショートカットアプリでの変数

　ショートカットアプリでも「変数」という考え方が用意されています。これも作成したショートカットを実行している間だけ読み書きできる領域です。ショートカットアプリでの変数には、次の3つのアクションが用意されています。

- 変数を設定 …… 値を格納できる
- 変数を取得 …… 変数に格納した値を取得できる
- 変数に追加 …… 1つの変数に複数の値を「リスト」として格納できる

　この章ではこれらのアクションを使った具体的な例を解説します。

01 写真から新たな発見をする
～写真アプリからランダムに 画像を選び、重ねて表示する～

　写真を切り抜いて他の写真に貼って1つの作品にする、といった方法は昔から よく使われていました。コラージュやモンタージュ、合成写真などとも呼ばれ、 さまざまな目的で作られています。

　パソコンやスマホでこういった画像を作るためには、画像処理ソフトを使うこ とが一般的でした。しかし、iOS 16になって、「写真から背景を削除する」という 機能が搭載されたことで、手軽に作成できるようになりました。

　ここでは、**ある写真から背景を削除し、それを他の写真と合成**してみます。

プログラムの考え方

前面の写真

 入力 　背景の削除

変数に格納

背景の写真　　　　　　　　　　　　　　　　　　　　　　　　　　　**重ねた写真**

 入力 　重ねて表示　　　出力

> **! Attention** 重ねて表示するときの順番
>
> 写真を重ねて表示するときは、前面と背景の順序を間違えずに指定する必要があります。ショートカットアプリでは、写真のリストを作成すると、そのリストの前にあるもの（先に格納したもの）が前面になるように重ねられます。

☑ 前面の写真を選ぶ

まずは前面に表示する写真を選択します。

Step 1

検索：写真　→　選択：写真を選択

アクションを追加したら、右の矢印を押して「含める」欄から［イメージ］だけを選んでおきましょう。

☑ 写真の背景を削除する

前面に表示する写真なので、必要な部分だけを取り出して背景を削除します。

Step 2

検索：背景　→
選択：イメージの背景を削除

このアクションを追加すると、前面の写真として選択したものから背景を削除してくれます。

このように、選んだ写真から背景を削除する機能はiOS 16から登場しました。古いiPhoneやiOSのバージョンによっては使用できませんのでご注意ください。

☑ 変数に格納する

取得したものをあとで使うため、一時的に変数にセットしておきます。

Step 3

検索：変数　→　選択：変数を設定

このように、新しく変数を作成するときは［変数を設定］を選びます。

これにより、ランダムに選ばれた写真を変数に格納できます。ここで、格納しておく変数の名前を自由に設定できます。

変数の名前は［変数名］の欄をタップして、わかりやすい名前を入力して設定します。

タップして変数名を指定する

> **Tips** 変数名のつけ方
>
> 変数につける名前はなんでもよいのですが、たとえば「前面の写真」といった変数名を指定すると、どのような内容が格納されているのかわかりやすいでしょう。

☑ もう1枚の写真を選択する

次に背景に表示する写真を選択します。

Step 4

検索：写真　→　選択：写真を検索

上記で前面の写真を選んだように1枚の写真を選ぶこともできますが、ここではアルバムに入れた写真の中から自動的にいずれか1枚を選んでもらうことにします。

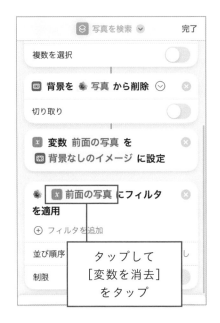

アクションを追加すると、前のページで作成した変数「前面の写真」にフィルタを適用、と表示されますが、この［前面の写真］をタップして［変数を消去］を押してください。すると、自動的に「すべての写真」に変わります。

　今回は「すべての写真」から検索するため、このように変更しておきます。

　追加したアクションにおいて、ランダムに画像を選ぶには、写真を検索するアクションの「並び順序」として［ランダム］を指定します。

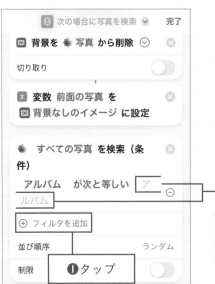

　そして、［フィルタを追加］をタップしてフィルタを追加し、フィルタの［アルバム］をタップして背景にする写真が入ったアルバムを指定します。たとえば、「背景」というアルバムを指定し、このアルバムに背景に使いたい写真を入れておくと、このアルバムに含まれる写真からランダムに選ばれます。

アルバムを作るには？

　ここではフィルタを設定して、アルバムから写真を選ぶようにしています。アルバムを作らないと、写真アプリに保存されているすべての写真から選ぶことになるためです。もちろん、すべての写真から選びたい場合はフィルタをつける必要はありませんが、特定のいくつかの写真を背景に使いたい場合は、アルバムを作りましょう。

　アルバムを作るには、写真アプリで「写真」を選択して、共有メニューから「アルバムに追加」を選びます。すでにアルバムがある場合は、これでアルバムを選んでそのアルバムに追加できますし、アルバムがない場合は、「新規アルバム」からアルバムを作成できます。

☑ 写真を重ねて表示する

　最後に、Step 3で変数に格納しておいた前面の写真と、Step 4で用意した背景の写真を重ねて表示します。

Step 5

検索：イメージ　→

選択：イメージを重ねて表示

101

アクションを追加すると、「イメージ」を「写真」の上に重ねて表示、と表示されます。

まずは左の［イメージ］をタップして、Step 3で格納した変数「前面の写真」を選択します。

そして、右側の「写真」はそのままにします（ここに、前のページで選んだ背景の写真が入るため）。

> タップして
> ［前面の写真］（設定した変数の名前）を指定する

☑ できた写真を表示する

最後に、できた画像を表示します。ここでも「クイックルック」を使用します。

Step 6

検索：**クイック** →

選択：**クイックルック**

ここで、「重ねて表示されたイメージ」を「クイックルック」で表示するように追加できれば完成です。

☑ 実行する

　このショートカットを実行することで、不要なものが後ろに写り込んでしまったときも、それを取り除いた写真を生成できます。たとえば、次の左のような写真があったとします。

　ここで、背景に使用するもう1枚の写真を用意します。ここではわかりやすいように青色だけ1色の画像を背景として用意しています。そして、今回のショートカットを実行してみると、右のような画像を生成できました。

　向きは回転していますが、写真の前面にある部分を取得でき、それを他の画像の上に貼り付けられていることがわかります。

　このように、変数を使うことで、複数の処理を実行した結果を組み合わせた処理を実現できます。また、変数に適切な名前をつけることで、作成したショートカットをあとで見返したときにも、その処理内容がわかりやすくなります。

前面の写真

背景の写真

合成された写真

02 鏡に映ったような写真を作る
～画像を反転させて結合する～

　川や湖の周囲で写真を撮影していると、水面に映る山や木々を美しいと感じることがあるでしょう。たとえば、「逆さ富士」のように、水面に反射して上下対称に見える写真が撮れると嬉しいものです。

　このような写真を撮影するには、天気がよく、風が少ない日を選ぶ必要があり、なかなか大変です。実は、画像を加工すればこういった写真を生成できます。ここで使うのが「画像の反転」です。ショートカットアプリを使って、**反転した画像を生成し、それを元の画像と結合して新たな画像を作ってみましょう。**

プログラムの考え方

写真

 入力　変数に格納 ----▶ 変数に追加

写真を反転　　写真を結合　 出力

写真

✏️ **Memo** 変数に格納できるもの

　前節では、背景を削除した写真を変数に格納しました。この節では複数枚の写真を変数に格納します。変数には、写真以外にテキスト（文章）や数値なども格納できます。プログラミング言語によっては、変数に格納するときには、事前にどのようなものを格納するのか（データ型）、リスト（配列）にデータをいくつ格納するのか、などを指定しておかなければならないものもありますが、ショートカットアプリでは特に意識する必要はありません。

☑ 写真を選ぶ

Step 1

検索：写真　→　選択：写真を選択

まずは写真を1枚選択します。

❶タップ

❷選択

アクションを追加したら、右の矢印を押して、「含める」欄を［イメージ］だけに設定しておきます。

☑ 変数に格納する

選択した写真をあとで使うため、一時的に変数にセットしておきます。

Step 2

検索：変数　→　選択：変数を設定

アクションを追加すると、図のように表示されます。ここで、変数名を入力します。たとえば、「元の写真」のような名前をつけておきます。

タップして変数名を指定する

☑ 写真を反転する

続いて、選択した写真を反転させます。

Step 3

検索：イメージ　→
選択：イメージを反転

このアクションのアイコンを見ると左右の反転だけに見えますが、追加したあとで上下の反転もできることがわかるので安心してください。

アクションを追加すると、反転する方向を選択できます。「逆さ富士」のような写真であれば「縦方向」ですが、ここでは初期設定のままの「横方向」に設定しておきます。

これにより、左右が反転した写真を新たに作成できます。このとき、変数に格納してある写真は変わりません。

☑ 変数に追加する

反転した写真も変数に格納しますが、ここでは、上記で作成した変数に追加します。追加すると、複数の写真を1つの変数でリストとして扱えます。

Step 4

検索：変数　→　選択：変数に追加

このアクションを追加すると、反転した写真を変数に追加できるようになりました。ここで、［変数名］の部分をタップして、Step 2で指定した変数名（ここでは「元の写真」）を入力します。

これにより、複数の写真がリストとして入った変数ができます。

タップして変数名を指定する

☑ 写真を結合する

リストを作成できれば、そのリストに含まれている写真を結合できます。

Step 5

検索：イメージ　→
選択：イメージを結合

この結合処理では、横方向や縦方向を選んで結合できます。今回は横に並べることにします。

このアクションを追加し、右の矢印を押すと結合するときの間隔を指定できます。ここでは初期設定のまま「0」にしています。

このように「0」を設定すると、間隔なく並べて結合されます。

タップ

間隔を指定できる

☑ 結果を表示する

最後に、作成された画像を表示します。

Step 6

検索：クイック　→
選択：クイックルック

アクションを追加すると、図のように表示されます。

どのアクションが線でつながっているのかも確認しておきましょう。

この指示によって、
反転したものを変数に入れる

この指示によって、
結合したものを表示する

☑ 実行する

実行すると、まずは写真を選択する画面が表示されます。この中から適当な写真を選択します。

そして、最終的に下の図のような画像が生成されました。このような左右対称の写真を簡単に生成できるのは面白いものですね。

03 写真の撮影日を 写真の右下に入れる ～写真に文字を重ねる～

最近はスマホやデジタルカメラで撮影した写真はスマホやパソコンの画面で見ることが増え、印刷してアルバムなどで管理することは少なくなりました。

しかし、印刷して残しておきたいこともあるでしょう。印刷するときによく使われるのが、写真の右下に撮影日を入れておく方法です。デジタルデータであれば撮影日はデータを見ればわかりますが、印刷してしまうといつの写真なのかわからなくなるためです。そこで、**写真データから撮影日を自動的に取得し、写真の右下にその日付を入れてみましょう。**

プログラムの考え方

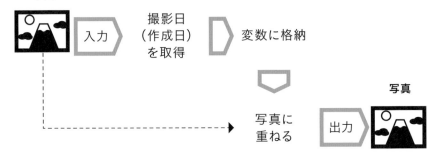

写真

入力

撮影日（作成日）を取得

変数に格納

写真に重ねる

写真

出力

 Memo 変数を使う理由

実は、今回の例であれば変数に格納しなくても処理できます。しかし、変数を使うことで、変数にどんな値が格納されているのか、途中まで実行すれば内容を確認できます。今回の例であれば、Step 3まで実行した時点で変数の中身を確認すれば、日付だけを取得できていることがわかります。

また、処理が複雑になったときも、変数の名前として適切な名前を指定しておくと、あとでその処理を修正するときにも処理の内容がわかりやすくなります。

☑ 写真を選ぶ

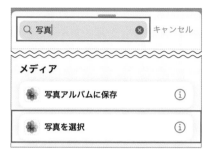

まずは日付を入れたい写真を選択します。

Step 1

検索：写真　→　選択：写真を選択

アクションを追加したら、右の矢印を押して［イメージ］だけを含めるようにしておきます。

❶ タップ

❷ ［イメージ］だけを選択

☑ 写真の作成日を取得する

Step 2

検索：イメージ　→
選択：イメージの詳細を取得

上記で取得した写真からその作成日の情報を取得します。

「イメージの詳細を取得」の「詳細」には、写真に記録されているさまざまな情報が含まれます。たとえば、写真の幅や高さ、位置情報、撮影日、カメラのメーカー、ファイルサイズなどを取得できます。

アクションを追加すると、写真から取得する項目を選択できます。ここで［詳細］の部分をタップして、今回は［作成日］を選択します。これにより、撮影した日付を取得できます。

タップして［作成日］を選択

☑ 変数に格納する

写真から取得した作成日を変数に格納します。

Step 3
検索：変数　→　選択：変数を設定

このアクションを追加すると、変数に「作成日」の情報を格納できます。ここで、変数名として、たとえば「撮影した日付」のようなわかりやすい名前を指定しておきます。

なお、この「作成日」には日付だけでなく時間も含まれています。

タップして［変数名］を
入力する

この［作成日］をタップすると、日付や時間の書式を指定できます。今回は撮影した日付だけで十分で、撮影した時間は不要なので、「時間フォーマット」を［なし］にします。

❶時間フォーマットを［なし］にする

これにより、変数に格納されるのは日付のみになります。

ここで「時間フォーマット」などを指定しても、アクションの見た目は変わりませんが、上記で指定しておけば問題なく設定できています。

見た目は変わらない

☑ 写真に重ねて表示する

取得した日付を写真に重ねて表示します。

Step 4

検索：重ねて →

選択：テキストを重ねて表示

113

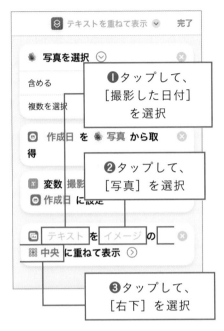

アクションを追加すると、図のように「テキスト」「イメージ」「中央」という部分が選択できるようになっています。

ここで、[テキスト] の部分をタップして上記で変数に格納した [撮影した日付] を選びます。

また、[イメージ] の部分をタップして [写真] を選びます。

そして、[中央] の部分をタップして [右下] を選びましょう。右下を選ぶと、以降の記述に「0%でオフセット」が追加されます。そして、この数字を変更すると、右下の余白が変わります。ここでは0%のままでよいでしょう。

さらに、右の矢印を押すと、重ねる文字について詳しく設定できます。

フォントやフォントサイズなどを指定できますが、ここでは「アウトラインテキスト」をオンにして、線のカラーを [白] にしましょう。

これによって、写真の色が何色であっても、日付の文字が見やすくなります。

☑ できた写真を表示する

最後に、できた画像を表示します。ここでも「クイックルック」を使用します。

Step 5

検索：**クイック** →
選択：**クイックルック**

アクションを追加し、クイックルックで表示するものには［テキスト付きのイメージ］を設定しましょう。こうすることで、日付が追加された画像を表示できます。

> このアクションにより、テキストを入れた画像を表示できる

☑ 実行する

実行すると、写真を選択する画面が表示されます。ここで、日付を入れたい写真を選択します。

写真を選ぶと、図のように作成日がセットされた写真が表示されます。

Step 4で文字のフォントや色、サイズなどを自由に変更できますので、さまざまなパターンを試してみるとよいでしょう。

> 右下に日付が表示される

04 どこで撮影した写真か確認する
〜位置情報を取得し、確認する〜

　スマホのカメラアプリで撮影した写真には、設定しておけば位置情報を記録できます。自宅で撮影した写真をブログなどにアップロードしたことで、自宅の住所が知られてしまう、などのプライバシーの問題はありますが、インターネットなどで公開せずに記録として使うだけであれば、どこで撮影した写真なのか地図に表示できて便利です。

　この**位置情報は「EXIF」という形式で写真のファイルに格納されている**ため、これを読み取って、**緯度や経度などの情報を他のアプリにコピーしたりして使う**ことを考えてみましょう。

プログラムの考え方

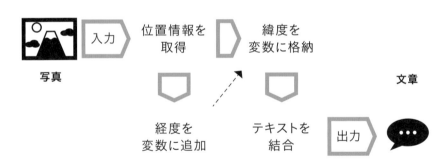

写真	位置情報を取得	緯度を変数に格納
	経度を変数に追加	テキストを結合 → 出力 → 文章

☑ 写真を選ぶ

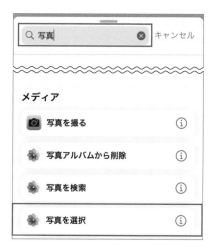

まずは対象の写真を選びます。

Step 1

検索：写真 → 選択：写真を選択

アクションが追加されたことを確認します。

☑ 位置情報を取得する

Step 2

検索：イメージ →
選択：イメージの詳細を取得

位置情報を取得するために、イメージの詳細を取得します。

アクションを追加すると、図のようになります。ここで、[詳細]をタップして、[位置情報]を選択します。

タップして［位置情報］を選択

取得した位置情報を保存するために、変数に格納しておきます。

Step 3

検索：変数　→　選択：変数を設定

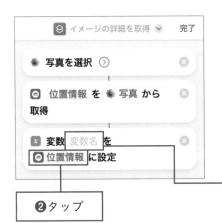

アクションを追加すると、図のようになります。ここで、変数名としてたとえば「緯度経度」という名前を指定しておきます。

また、[位置情報]のところをタップすると、次のような画面が表示されます。

❶タップして
［変数名］を指定する

❷タップ

ここで、位置情報の中から緯度や経度、高度などを取得できます。ここから取得したいものを選びます。

ここでは［緯度］を選択することにします。

✏️ **Memo** 位置情報の取得のしかた

位置情報を取得するときに、複数のGPS衛星からの電波を利用します。この電波は3次元なので、緯度と経度だけでなく、高度（標高）も取得できるのです。

これによって、「緯度経度」という変数に、まずは「緯度」が格納されます。

☑ 経度を変数に追加する

上記と同様に、経度を取得するために、変数に追加する処理を選びます。

Step 4

検索：変数 → 選択：変数に追加

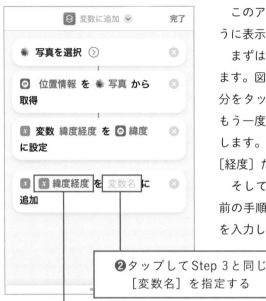

このアクションを追加すると、図のように表示されます。

まずはこの左側を修正する必要があります。図で［緯度経度］となっている部分をタップし、変数をクリアした上で、もう一度タップして［位置情報］を選択します。さらに、この部分をタップして［経度］だけを選択します。

そして、右側の「変数名」の部分に、前の手順で指定した変数名「緯度経度」を入力します。

❷タップしてStep 3と同じ［変数名］を指定する

❶タップして［変数を消去］し、再度タップして「位置情報」をタップし、［経度］を選ぶ

設定すると、図のようになります。

これにより、「緯度経度」という変数に緯度と経度が入ったリストが作成され、それぞれの値が格納された状態になります。

☑ 緯度と経度をまとめた文面を作成する

前の手順で変数に設定した緯度と経度をまとめて1つの文面にするために結合します。

Step 5

検索：結合　→　選択：テキストを結合

この結合では、リストに入ったテキストをつなげた文章を作成できます。

このアクションを追加すると、緯度と経度を改行で結合した文面ができあがります。

［改行］以外も選択できる

> 💡 **Tips** 文字の区切りを変更しよう
>
> ここで、［改行］の部分をタップすると、区切る文字を選択できます。たとえば、コンマで区切りたい場合は、［改行］の部分をタップして［カスタム］を選び、［テキスト］をタップし、区切る記号として「,」などを入力します。

☑ 結果となる文面を表示する

最後に結果を表示します。

Step 6

検索：結果　→　選択：結果を表示

アクションを追加すると、図のようになります。

💡 **Tips** 緯度や経度の活用方法

緯度や経度の値を見てもあまり使い道はないと感じるかもしれません。しかし、地図アプリに入れると地図上に場所を表示できます。

また、Step 3の位置情報の画面を見ると、都道府県や市区町村などの情報も取得できることがわかります。ぜひ活用方法を考えてみてください。

☑ 実行する

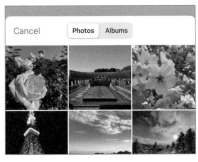

実行すると、写真の一覧が表示されます。この写真の中から位置情報を確認したい写真を選択します。

写真を1枚選択すると、その写真を撮影した場所の緯度と経度の値が表示されます。

✎ Memo EXIFに記録されている情報

iPhoneの写真アプリでいずれかの写真を選択し、画面下にある [i] のアイコンをタップすると、図のように表示され、どのような情報が記録されているのかを確認できます。

位置情報の他にも、撮影したカメラの設定情報（ISO感度やF値など）も記録されていることがわかります。

⚠ Attention 結果が表示されない場合

このショートカットを実行しても緯度と経度の情報が表示されない場合は、位置情報がない画像を選択している可能性が高いでしょう。上記のMemoにしたがって、選択した画像の情報を確認してみてください。

初心者がプログラミングするときの注意点は？

　この章では、「変数」といったプログラミングでよく使われる言葉を紹介しました。このような用語を学ぼう、もっとプログラミングを勉強しよう、と考えたとき、多くの人が取り組むのが専門書を読むことでしょう。

　ただし、プログラミングを始めたばかりの段階で書店に行くと、あまりにも多くの本があり、どれを選べばよいのかわからないものです。

　ここでまず考えるべきことは、「プログラミングは手段であり、目的ではない」ということです。「プログラミングがこれから求められる技能だからプログラミングをマスターしたい」というのは、プログラミングをすることが目的になっています。

　そうではなく、目の前の課題を解決するための1つの手段としてプログラミングがある、ということです。プログラムを作らなくても、その課題が解決するのであれば、プログラミングを学ぶ必要はないのです。すでに世の中にはたくさんのプログラムが提供されており、プログラムを使うだけでその課題が解決するのであれば、それを使うだけです。多くの場合、プログラムを作る費用に比べれば、既存のプログラムを購入する方が安く、短い時間で課題を解決できるでしょう。

　それでも既存のものでは課題を解決できない場合を考えてみましょう。ここで初めてプログラミングをする必要が出てきます。ただし、プログラムを自分で作らなくても、開発を他の人に依頼できる可能性もあります。

　いずれにしても、第1章で解説したように、プログラミングの考え方を知っていると、スムーズに進められる可能性があります。どういった技術を使えば実現できるのかを知っていると、発注することも容易ですし、課題がはっきりしていれば、必要なプログラミングの本を探せるでしょう。

　まずはプログラミングで何ができるのか、どう考えればよいのかを知ることが大切なのです。

第 **6** 章

「もし○○だったら?」
ができること
を増やす

複雑なプログラムを実現する「分岐」を理解する

　ここまでは、並べたアクションを上から順に処理していました。コンピュータは指示された通りに動く機械で、指示を並べれば順に処理してくれます。

　ただし、上から順に処理するだけでなく、特定の条件を満たしたときだけ処理して欲しいときもあります。たとえば、「天気が雨だったら傘を持っていく」というように、条件を満たすときだけ処理したいこともあるでしょう。条件を満たさないときは、書かれている指示を読み飛ばしてほしいのです。

　プログラミングでは、このような**条件に応じて処理を分けることを「条件分岐」**や**「分岐」**といいます。条件によって分岐するときのパターンとして、次の2通りがあります。1つは**条件を満たしたときだけ何らかの処理をする**パターン、もう1つは**条件を満たしたときにある処理を、満たさなかったときには別の処理をする**パターンです。

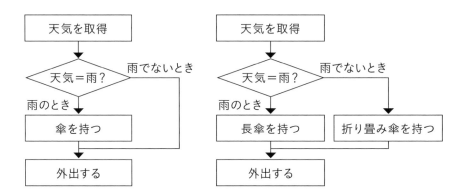

　ショートカットアプリでも、**「if文」**というアクションが用意されており、このような分岐を実現できます。この章では、この「if文」を使ってさまざまな分岐を実現するショートカットを作成します。

01 消費税を計算する
～負の数で分岐する～

コンピュータが得意なこととして「計算」があります。私たちが身近に使う計算として、**消費税を求めるショートカットを作成してみます。**

消費税を計算するには、入力された値に消費税率を掛け算すればOKです。しかし、実際には、金額にマイナスの値が入力されたり、計算結果が小数になったりするかもしれません。これらにも対応するようなプログラムを作ることを考えます。

プログラムの考え方

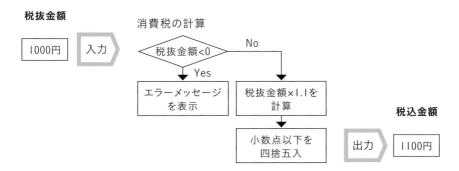

☑ 税抜きの金額を入力する

まずは計算したい金額の入力が必要です。そこで、入力を要求し、税抜きの金額を入力することにします。

Step 1

検索：要求 → 選択：入力を要求

127

❷タップしてテキストを変更

数字以外が入力されると消費税のような金額を求める計算ができないため、要求する「テキスト」の部分を［数字］に変更します。これにより、数字以外の文字が入力されることはなくなります。

また、「プロンプト」は入力するときに表示される文言ですので、これも金額の入力が求められていることがわかるような文章を指定しておきます。

たとえば、「金額を入力してください」というメッセージを指定すると、このアクションは図のようになります。

☑ 入力された金額によって分岐する

上記で入力された値がプラスの金額なら問題ありませんが、金額なのにマイナスが入力されると困ります。そこで、条件によって分岐するようにします。

Step 2
検索：もし　→　選択：if文

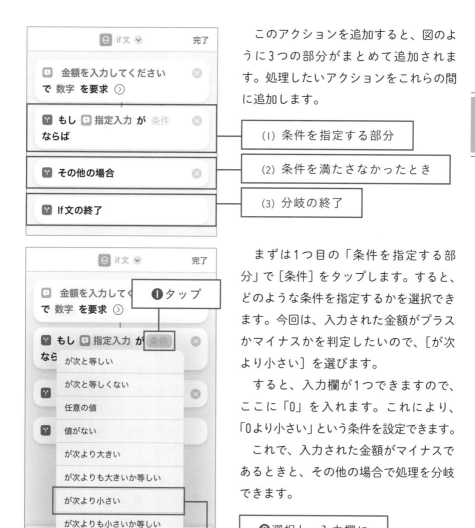

このアクションを追加すると、図のように3つの部分がまとめて追加されます。処理したいアクションをこれらの間に追加します。

(1) 条件を指定する部分

(2) 条件を満たさなかったとき

(3) 分岐の終了

まずは1つ目の「条件を指定する部分」で［条件］をタップします。すると、どのような条件を指定するかを選択できます。今回は、入力された金額がプラスかマイナスかを判定したいので、［が次より小さい］を選びます。

すると、入力欄が1つできますので、ここに「0」を入れます。これにより、「0より小さい」という条件を設定できます。

これで、入力された金額がマイナスであるときと、その他の場合で処理を分岐できます。

❶タップ

❷選択し、入力欄に「0」を入れる

✏️ **Memo** 数値の比較で使われる記号

ショートカットで指定できる条件として、数値の比較では算数で使われる「>」「≧」「=」「<」「≦」を日本語にしたものがあります。その他、さまざまな条件を指定でき、条件を満たしたときと、満たさなかったときで処理を分けられます。

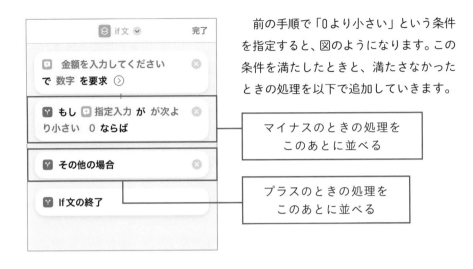

前の手順で「0より小さい」という条件を指定すると、図のようになります。この条件を満たしたときと、満たさなかったときの処理を以下で追加していきます。

☑ 不適切な値が入力されたことを通知する

上記の条件を満たす、つまり入力された金額がマイナスであるとき、消費税を計算できないと画面に表示することを考えます。

ここではiPhoneの通知機能を使います。

Step 3

検索：通知　→　選択：通知を表示

✏ **Memo**　エラーメッセージの表示

　プログラムでエラーが発生した場合には、そのエラー内容を利用者にわかりやすく表現する必要があります。

　メッセージには、「エラーが発生しました」とだけ表示するのではなく、何が問題なのかわかるように表現することを考えましょう。

**❷タップして、
メッセージを変更する**

❶長押しして場所を移動する

ショートカットの一番下にアクションが追加されますが、長押しして位置を移動させましょう。

移動先は、「if文」で条件を指定したアクションの後ろです。

移動したうえで、通知する内容の部分をタップして、表示したいメッセージに変更します。

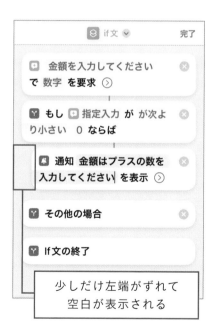

**少しだけ左端がずれて
空白が表示される**

通知をif文の中に移動して、メッセージを変更すると、図のようになります。

このように少し左端がずれて表示されるため、どこまでがif文の条件を満たしたときに実行される範囲なのかわかるようになっています。

✏ **Memo** インデントとは？

多くのプログラミング言語でも処理のまとまりを表現するときに、字下げ（インデント）を使います。コンピュータは字下げしてもしなくても同じ動作をしますが、プログラマが理解しやすくするために字下げして表現するのです。

☑ 消費税額を計算する

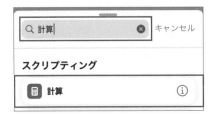

次に、入力された金額がプラスで、問題なく計算できるときの処理を考えます。消費税の計算のような四則演算をショートカットで実行するには、「計算」のアクションを追加します。

Step 4
検索：計算 → 選択：計算

このアクションもショートカットの一番下に追加されるので、長押しして、「その他の場合」の下に移動します。

計算式の［+］の部分をタップすると計算方法を選択できるため、［×］を選択し、次の［数字］の欄に「1.1」を入力します。これで税込の金額を計算できます。

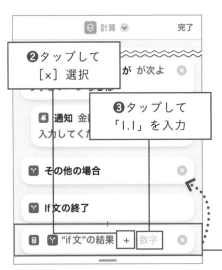

❷タップして［×］選択

❸タップして「1.1」を入力

❶長押しして場所を移動する

移動して計算式を設定すると、図のようになります。

ここで、計算した結果がどうなるのか気になる人がいるかもしれませんが、計算した結果は次のアクションで処理するため、ここでは考える必要はありません。

金額を計算できる

☑ 小数になった場合を考える

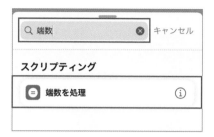

消費税の計算では1.1を掛け算すると、小数になることがあります。小数部分を処理するため、端数を処理します。

Step 5
検索：端数　→　選択：端数を処理

このアクションを選択し、計算式のあとに移動します。

この「端数を処理」では「計算結果」を四捨五入する桁を選べます。［1の位］を選ぶと、四捨五入した結果として整数部分だけを取得できます。

このように、条件分岐の中に複数のアクションを並べることもできます。

☑ 結果を表示する

最後に、計算した結果を表示します。ここでも「通知」を使いますが、これまでに紹介した「結果を表示」などを使っても構いません。

Step 6
検索：通知　→　選択：通知を表示

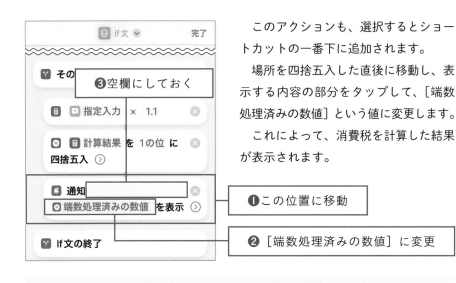

このアクションも、選択するとショートカットの一番下に追加されます。

場所を四捨五入した直後に移動し、表示する内容の部分をタップして、［端数処理済みの数値］という値に変更します。

これによって、消費税を計算した結果が表示されます。

☑ 実行する

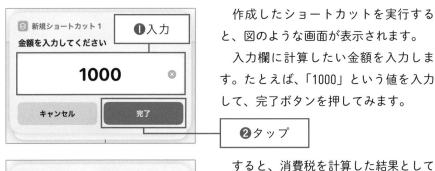

作成したショートカットを実行すると、図のような画面が表示されます。

入力欄に計算したい金額を入力します。たとえば、「1000」という値を入力して、完了ボタンを押してみます。

すると、消費税を計算した結果として「1100」が表示されます。

✎ **Memo** 数値を桁区切りしたいときは

ここでは計算結果をそのまま表示しています。この桁数が大きくなると、桁が読み取りにくくなります。3桁ずつコンマで区切りたい場合は「数値をフォーマット」というアクションを使ってみてください。小数点以下の桁数を指定しながら、コンマで区切って表現できます。

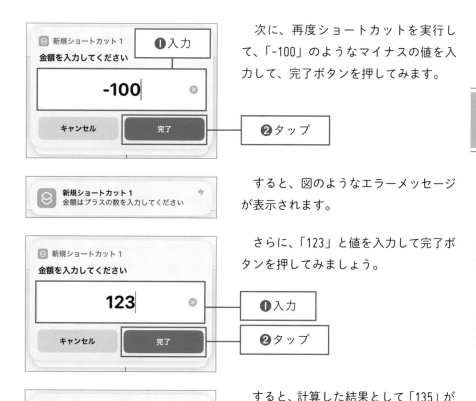

次に、再度ショートカットを実行して、「-100」のようなマイナスの値を入力して、完了ボタンを押してみます。

すると、図のようなエラーメッセージが表示されます。

さらに、「123」と値を入力して完了ボタンを押してみましょう。

すると、計算した結果として「135」が表示されます。

このように、小数になる場合は四捨五入されていることも確認できます。消費税8%などにも対応できるように、処理内容を変えたものを作ってみてください。

また、計算式を変えることで、もっと複雑な計算もできます。たとえば、日本円を米ドルやユーロに換算する式を作成すれば、入力された金額から他の通貨での金額を計算できます。さまざまな計算を試してみてください。

✏️ Memo プログラミングにおける小数点

コンピュータでは0と1の2種類を使って計算しており、実は「1.1倍」を厳密に計算するのは難しいものです。詳しくは「浮動小数点数」について調べてみてください。

02 ネットワークの設定を まとめて行う～一定条件の ときに同じ設定に変更する～

外出先でネットワークを使用するとき、公衆無線LANは便利です。ただし、セキュリティが気になる人は多いでしょう。個人情報を入力するWebサイトに接続する場合など、重要な情報を扱う場合には公衆無線LANを使うのではなく、自分が契約している携帯電話会社の回線を使いたいものです。

そこで、パソコンでインターネットに接続するときに、iPhoneのテザリング機能（インターネット共有）を使う方法があります。これは、携帯電話事業者と契約しているiPhoneの通信回線を使ってインターネットに接続する方法です。

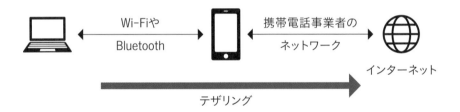

ここでは、iPhoneが現在接続している無線LANの接続先を見て、それが公衆無線LANなど安全性の低いネットワークに接続している場合は、モバイルデータ通信を使用してテザリングをオンにしたり、Wi-Fiをオフにして自動的に切断したりするように設定してみます。

> ✏️ **Memo** ネットワーク名（SSID）とは？
>
> 無線LANのアクセスポイント（ネットワークを中継する機器）に付けられた名前で、無線LANルーターごとに異なる名前が付けられています。パソコンやスマホの周囲に複数の無線LANルーターがあったとき、それらを識別するために使われます。
>
> 使用しているiPhoneが現在接続しているSSIDを確認したい場合は、iPhoneの「設定」アプリから「Wi-Fi」の欄を確認してください（Wi-Fiに接続していないときは表示されません）。なお、SSIDとは、Service Set Identifierの略です。

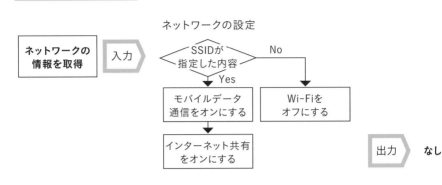

☑ 接続しているネットワークの情報を取得する

まずは現在iPhoneが接続しているネットワークの情報を取得します。

Step 1

検索：ネットワーク　→
選択：ネットワークの詳細を取得

このアクションを選択すると、図のように追加されます。これにより、iPhoneが接続しているWi-Fiのネットワーク名（SSID）を取得できます。

☑ 接続しているネットワークによって分岐する

Step 1で取得したネットワーク名によって処理を分けるため、条件分岐を考えます。

Step 2
検索：もし　→　選択：if文

アクションを選択すると、図のように追加されます。「ネットワークの詳細」と表示されていますが、前のアクションで取得した「ネットワーク名」が格納されており、この値で条件を指定できます。

ここでは、特定のWi-FiのSSIDに接続している場合に、そのWi-Fiから切断してモバイル回線を使うように変えることを考えます。

この「条件」の部分で、[次と等しい]を選択すると、値の入力欄が表示されます。ここに、条件として指定したいネットワーク名を入力します。

これにより、特定のネットワークに接続していると、条件を満たしているときの処理を実行できます。

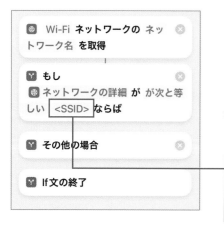

ネットワーク名 (SSID) を指定
（自分が使用しているSSIDに
置き換えてください）

138

Memo 「文字の比較」を考えてみよう

ここでは、条件の指定として数値の比較ではなく文字の比較を使います。文字の内容が等しいときや、等しくないときなど、文字の比較で使える条件について確認してみてください。

☑ モバイルデータ通信を設定する

特定のネットワークに接続していた場合は、そのネットワークを使うのではなくモバイルデータ通信を使って接続するようにします。

Step 3

検索：モバイル →

選択：モバイルデータ通信を設定

このアクションを選択すると、図のように条件分岐のあとに追加されます。これも長押しして、if文の条件のあとに移動します。

長押しして場所を移動する

移動すると、図のように表示されます。

標準では「オン」に「変更」するアクションですが、「オフ」にすることもできますし、[変更]の部分を押すと「切り替える」というアクションにもできます。

この「切り替える」というのは、現在がオンであればオフに、現在がオフであればオンにする、というものです。

ここでは必ずオンにするため、「オン」に「変更」のままにしておきます。

☑ インターネット共有を設定する

モバイル通信を有効にしたのはテザリングを使いたいためです。テザリングするには、iPhoneが備える「インターネット共有」の機能を使います。

Step 4

検索：インターネット　→

選択：インターネット共有を設定

このアクションを追加し、「その他の場合」の前に移動します。これで、対象のWi-Fiネットワークに接続している状態で実行すると、モバイルデータ通信を「オン」にしてインターネット共有が使えるようになります。その上で、パソコンからiPhoneに接続するとテザリングを使えます。

☑ Wi-Fiをオフに設定する

❶ この位置に移動

❷ ［オフ］に変更する

前の手順で指定したWi-Fiに接続していない場合は、Wi-Fiをオフにすることにします。

Step 5

検索：Wi-Fi → 選択：Wi-Fiを設定

このアクションを追加し、「その他の場合」の中に移動します。また、標準では「オン」にするようになっていますが、これを［オフ］に変更します。

今回はSSIDによってネットワークの設定を切り替える方法を紹介しました。第8章で紹介する「オートメーション」を使えば、「自宅のWi-Fiに接続したらインターネット共有をオフにする」といった設定も可能になります。

ぜひさまざまな設定変更を試してみてください。

！ Attention 通信量のロスに気を付けよう

このショートカットを実行すると、SSIDの指定によってはスマホと自宅のWi-Fiとの接続が切れる場合があります。テストで実行した際は、必要に応じて接続し直してください。

03 音楽の音量を変える
〜条件に合わせて音量を変える〜

好きなアーテイストのCDをパソコンからスマホに取り込むだけでなく、ダウンロードして楽しんでいる人も多いでしょう。多くの曲を保存しているとアルバムによって音量が違うことがあります。また、好きなアーティストの曲だけは特別大きな音で聴きたいという人もいるでしょう。

そこで、**特定の条件を満たすときだけ音量を変えて再生する**ようなショートカットを作ってみましょう。

プログラムの考え方

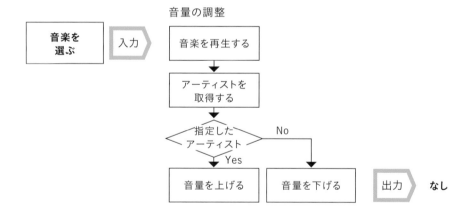

✎ Memo 音楽の再生について

iPhoneで音楽を再生するときは、iPhoneに標準で搭載されている「ミュージック」というアプリがよく使われます。今回のショートカットでも、ミュージックアプリを使用しています。他のアプリでも、同様にショートカットから操作できるものもありますので、ぜひ試してみてください。

☑ 再生する音楽を選ぶ

まずは再生したい音楽を選択する画面を表示するアクションを用意します。

Step 1

検索：ミュージック　→
選択：ミュージックを選択

これは、iPhone標準のミュージックアプリの中から好きな音楽を選ぶ画面を表示するアクションです。

このアクションを選択すると、図のように追加されます。右の矢印を押すと複数の曲を選択することもできますが、ここでは1曲だけを選択することにします。そのまま、次の手順に進んでください。

☑ 音楽を再生する

続いて、選択した音楽を再生します。
先に音量を調整することもできますが、その場合は選んだ音楽を変数に格納しておく必要があります。
ここでは、先に音楽を再生してから音量を調整することにします。

Step 2

検索：ミュージック　→
選択：ミュージックを再生

このアクションを選択すると、最初のアクションで選んだ音楽を再生できます。ここまでのアクションを保存しておくだけでも、曲を選んで再生するショートカットができました。

☑ 選んだ音楽のアーティストを取得する

次に、上記で選んだ曲の情報を取得します。

Step 3

検索：ミュージック　→
選択：ミュージックの詳細を取得

このアクションを選択すると、図のように追加されます。ここで、取得する項目として「アーティスト」を選べば、演奏しているアーティストの情報を取得できます。

他にも、アルバムの情報やジャンル、作曲者、再生回数などを取得できますが、ここではデフォルトの設定のまま、「アーティスト」を使います。

☑ 音楽の内容によって分岐する

ここでは、前の手順で取得したアーティストの名前を使って条件分岐します。

Step 4
検索：もし　→　選択：if文

このアクションを選択すると、図のようにアーティストの名前による条件を指定できるようになります。

ここでも名前の文字での比較を使います。

> アーティストの名前で分岐する

ここでは「条件」として［が次と等しい］を選択し、名前として「いきものがかり」を入れてみました。

これにより、選んだ曲のアーティストが「いきものがかり」のときだけ分岐してアクションを処理できます。

> ❶ ［が次と等しい］を選択

> ❷ 歌手名を指定

☑ 音量を設定する

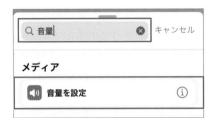

続いて、条件を満たすときの音量を変更します。

Step 5

検索：音量 → 選択：音量を設定

このアクションを選択し、最後に追加されたあとで、条件を満たしたときの中身に移動します。

そして、音量を適当な大きさにパーセントで設定します。ここでは標準のまま50%にしています。

> **! Attention** 音量の指定
>
> ここで調整するのは「メディア」の音量です。第3章でも紹介したように、iPhoneの音量にはいくつかの種類がありますので注意してください。

音量を好きな大きさにする

✎ **Memo** 並べ替えなどに使われる「アルゴリズム」

名前の五十音順に並べ替える、売上が多い順に並べ替えるなど、プログラムで並べ替えが必要な場面はたくさん存在します。

実際に、ミュージックアプリでも「アーティスト」や「アルバム」の項目に移動すると、それぞれが五十音順に並んでいるでしょう。こういった並べ替えのことを「ソート」といい、さまざまな手順があります。同じ結果が得られるプログラムでも、その手順を工夫することで、高速に処理できるのです。このように課題を解決する手順のことを「アルゴリズム」と言います。

ショートカットアプリでは用意されたものを使うだけですが、実際のプログラミングでは高速に処理できるアルゴリズムを考えることも求められます。

音量を好きな大きさにする

同様に、条件を満たさない場合（その他の場合）についても、音量を設定することにします。

こちらも前の手順と同じように「音量」で検索してアクションを追加し、音量を30%に設定します。アクションの位置を「その他の場合」の後に移動させるのを忘れないようにしましょう。

あとはこのショートカットを実行すると音楽を選択する画面が表示され、選択した音楽のアーティストによって音量が調整されます。

⚠ Attention　文字の比較

ここではアーティスト名の文字が一致する条件で分岐しました。このように文字を比較するプログラムを作るときには、次のように考えることがいくつかあります。

- 半角と全角の違い（「A」と「Ａ」は違う文字です）
- 大文字と小文字の違い（「A」と「a」は違う文字です）
- スペースの有無（末尾にスペースが入っているだけでも一致しません）
- 文字コードの違い（コンピュータの内部での表現が違うことがあります）

データを保存するときには、これらの違いを意識しておかないと、検索した条件に一致しないという問題が発生する可能性があります。

04

日記をつける
～特定の値を内容に
合わせた形で記録する～

　小学生の頃に、夏休みの宿題で日記を書いた人は多いでしょう。その日に行ったところや取り組んだことを書くだけでなく、天気や気温などを記録していた人もいるでしょう。

　そこで、当日の天気をメモに記録することを考えます。ただし、天気予報のサイトを毎日のように開いて天気を調べるのは面倒です。そこで、ショートカットを使って天気や降水確率、湿度などの情報を自動的に取得し、その内容を記録することにします。

　天気予報などの情報は気象庁などのサイトから取得する方法も考えられますが、iPhoneには天気予報のアプリが標準で搭載されており、さまざまな項目を簡単に取得できます。

　今回はこれを使って、**天気の内容に応じて記録する内容を変える**ショートカットを作ります。

プログラムの考え方

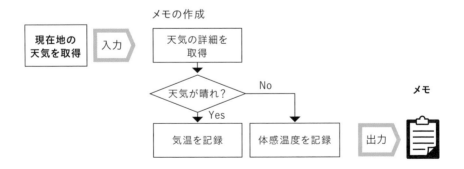

ショートカットは他のアプリと連携するとより便利に使えます。今回は天気をメモアプリに記録するため、事前に「天気履歴」といったタイトルのメモを作成しておきます。

iPhone標準の「メモ」アプリを開いて、画面右下（iPadの場合は画面右上）に表示される鉛筆マークを押します。

新しいメモが開いたら、1行目にタイトルとして「天気履歴」と入力しておきます。これで準備は完了です。

☑ 天気を取得する

まずは現在地の天気を取得します。

Step 1

検索：天気　→
選択：現在の天気を取得

ここで［天気予報を取得］を選ぶと、1時間ごとの天気を取得できますが、ここでは現在の天気がわかればよいので、［現在の天気を取得］を使います。

これにより、天気や気温を取得できます。

このアクションを追加すると、図のように表示されます。この［現在地］の部分をタップすることで、任意の場所を選ぶこともできます。

☑ 天気の詳細を取得する

　続いて、取得した天気から細かい情報を調べます。

Step 2

検索：気象　→
選択：気象状況の詳細を取得

タップして
[状況] を選択

　このアクションを追加すると、取得する情報を選択できます。[詳細]をタップすることで、取得できる項目の一覧が表示されるため、ここでは［状況］を選択します。

　この「状況」を選ぶことで、現在地の天気予報の内容 (晴れ、雨、くもりなどの言葉) を取得できます。

☑ 天気の内容によって分岐する

　取得した天気予報の内容によって分岐したいため、if文を選択します。

Step 3

検索：もし　→　選択：if文

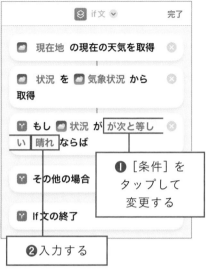

これにより、取得した「状況」によって処理を振り分けられます。

ここでは取得した天気の状況が「晴れ」と等しいかどうかで分岐するため、［条件］をタップして［が次と等しい］を選択し、追加された入力欄に「晴れ」という文字を入力します。

もし「状況」の中に「晴れ」という文字を含むようにしたい場合は、「条件」の部分で「が次を含む」などを選んでもよいでしょう。

☑ テキストを作成する

次に、記録したい文面を作成します。取得できる項目として「晴れ」といった天気の「状況」のほか、「気温」や「体感温度」などがあります。これらは数値データです。

数値を出されてもわかりにくいので、文章を作成するために「テキスト」を使います。

Step 4

検索：テキスト　→　選択：テキスト

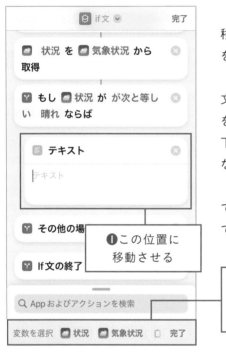

❶この位置に移動させる

❷文章に埋め込みたい項目を変数から選択できるので、［気象状況］をタップする

このアクションを追加し、if文の中に移動すると、図のように好きなテキストを入力できます。

タップをすると、ここに、記録したい文面の内容を入力できます。単純に文章を入力することもできますが、図の一番下を見ると、変数を選択できるようになっています。

ここで［気象状況］をタップすることで、気象情報から取得できる項目が一覧で表示されます。

✏️ Memo　自動化するメリット

今回のように、天気を記録する程度であれば、人間が手作業で記録しても、その手間に大きな差はないと感じるかもしれません。しかし、プログラムを作ることのメリットとして、「書式を統一できる」ことが挙げられます。

人間が手作業で記録していると、半角と全角を間違える、スペースの数が変わる、誤入力するなどの状況が発生します。こうなると、あとでその記録を使おうと思ったときに、その内容が使いにくかったり、正しいのか判断できなくなったりします。

しかし、プログラムによって自動化しておくと、その書式を統一でき、データの内容についての信頼感が高まります。

これは、他の人と共有したり、共同で作業をしたりするときにも役立ちます。人によって書式が違ったり、入力漏れがあったりすると、そのデータは扱いにくいものですが、自動化して全員が同じプログラムを使うことにしておけば、必ず同じ結果が得られるのです。

この［気象状況］をタップして表示される画面は、上にスライドすることで使える項目がいくつも表示されます。

ここから、「日付」や「気温」、「体感温度」などの情報を文章に埋め込むことができます。

この部分をタップしたまま
上にスライドする

文章に埋め込みたい
情報をここから選ぶ

たとえば、図のように文章を入力しながら、一部に埋め込む値を選択することもできます。

これにより、取得した内容が入った文章を作成できます。

文章の中に、
選んだ項目が埋め込まれる

条件を満たさなかった場合（晴れでなかった場合）も同様に、テキストを設定すると、図のように表現できます。

なお、降水確率や湿度などは小数（80%なら0.8）の値を取得するので、パーセント表示するには計算して100倍にする必要があります。

> 「テキスト」をこの位置に移動し、表示したい内容に合わせて設定する

☑ メモに追加する

最後に、作成したテキストをメモに追加します。

149ページのMemoを参考にして、事前にテキストを追加するためのメモを作成しておきましょう。

Step 5

検索：メモ　→　選択：メモに追加

このアクションを選択し、条件を満たす場合と、その他の場合の両方に同じように追加します。

これにより、いずれの場合でも実行したタイミングでの天気をメモに追加できます。

> メモに追加するアクションを
> それぞれ追加する

☑ 実行する

実行すると、図のようにメモに書き込む許可を求められます。許可することで、テキストとして作成した文面を記録できます。

メモアプリを開いて、天気の情報が記録されていることを確認してください。

> 許可するボタンを押す

05 メモの内容を五十音順に変える〜データを並べ替える（ソートする）〜

住所録を作るときなど、データを五十音順に並べ替えたいことがあります。もちろん手作業で並べ替えてもよいのですが、プログラムを作ると間違えることもなく高速に処理できます。

並べ替えるプログラムの作成は、プログラミングの教科書でよく使われるように少し複雑な問題です。しかし、ショートカットアプリでは並べ替える機能がすでに用意されており、それを使うだけです。

ここでは、**用意されている機能を使ってメモなどに記録したデータを並べ替える**ショートカットを作ってみます。

プログラムの考え方

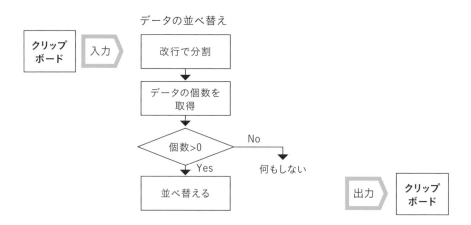

☑ クリップボードから取得する

まずは並べ替える文章を取得します。ここでは、メモの内容をクリップボードにコピーしてから使うため、クリップボードを取得することから始めます。

Step 1

検索：**クリップ** →
選択：**クリップボードを取得**

アクションを選択すると、図のように追加されます。

☑ 改行で分割する

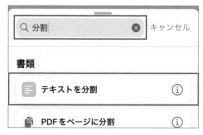

次に、取得した文章を改行で区切って、リストに変換します。便利なアクション「テキストを分割」を使いましょう。

Step 2

検索：**分割** → 選択：**テキストを分割**

このアクションを選択すると、図のように追加されます。標準では「改行」で分割されますが、他にも任意の文字で分割できます。

ここでは標準で選択された「改行」のままにしておきます。

☑ データの個数を取得する

次にデータを並べ替えるのですが、並べ替えるためにはデータが取得できていることの確認が必要なので、改行で区切ったリストに含まれるデータの個数を取得します。

Step 3
検索：カウント　→　選択：カウント

このアクションを選択すると、図のように追加されます。これで「項目」の数を数えることができます。

なお、「項目」のところをタップすると、文字や文の数を数えることもできます。ここでは標準のまま、「項目」の数を選択しておきます。

☑ 条件で分岐する

直前で取得したデータの個数を使って条件分岐します。

Step 4
検索：もし　→　選択：if文

このアクションを選択し、条件として［が次より大きい］を選択し、入力欄に「0」を指定します。

これにより、分割したデータが1個以上あった場合だけ処理を実行するように振り分けられます。

> これにより
> 「データの数＞0」
> という条件になる

☑ 並べ替える

データがあったときは、そのリストを並べ替えます。並べ替えるときに便利なのが「フィルタ」の機能です。

フィルタは条件を満たすものを抽出するときに使いますが、条件を指定せずに、並び順序を指定することもできます。

Step 5

検索：フィルタ　→
選択：ファイルにフィルタを適用

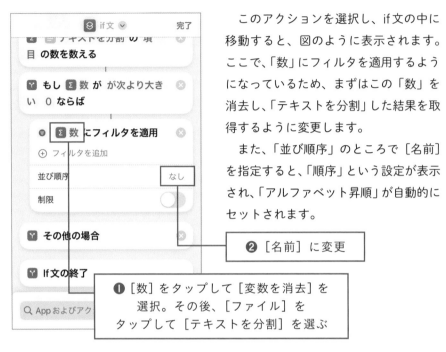

このアクションを選択し、if文の中に移動すると、図のように表示されます。ここで、「数」にフィルタを適用するようになっているため、まずはこの「数」を消去し、「テキストを分割」した結果を取得するように変更します。

また、「並び順序」のところで［名前］を指定すると、「順序」という設定が表示され、「アルファベット昇順」が自動的にセットされます。

❷［名前］に変更

❶［数］をタップして［変数を消去］を選択。その後、［ファイル］をタップして［テキストを分割］を選ぶ

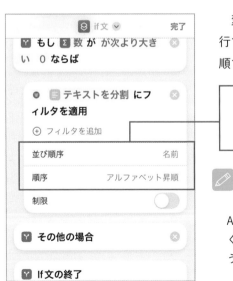

変更すると、図のように表示され、改行で分割された文章がアルファベット昇順で並べ替えられます。

並び順序が「名前」、順序が「アルファベット昇順」になっていることを確認

✏️ **Memo** 昇順と降順

アルファベットにおける「昇順」はA→B→C→…のように前から後ろに続く順番で、「降順」はZ→Y→X→…のように逆に続く順番です。

☑ 並べ替えたものをクリップボードにコピーする

最後に、並べ替えられたデータをクリップボードにコピーします。

Step 6

検索：クリップ　→
選択：クリップボードにコピー

このアクションを選択し、追加されたものをフィルタの後ろに移動すると、図のようになります。

これで、並べ替えられた文章がクリップボードにコピーされます。

あとは、クリップボードにある文章を、メモアプリなどを開いてペーストするとよいでしょう。

if文のその他の場合（データがなかった場合）は何もしないのであれば、そのままでも構いませんし、「その他の場合」の右端にある［×］をタップすると、その他の場合を削除することもできます。

削除すると図のようになり、シンプルでわかりやすいでしょう。

AIのすごさをあらためて考えてみよう

　最近は、世の中のあらゆるところでAIが使われています。囲碁や将棋で人間に勝った、というだけでなく、車や電車の自動運転、監視カメラなどで使われる画像認識、エアコンでの自動制御、電気シェーバーに至るまで、私たちの身の回りにもAIを搭載した製品はたくさんあります。

　こういったAIは、膨大な数の条件分岐に対応していると考えられます。たとえば、車の自動運転を考えると、信号の色を見なければいけないのは当然として、スピードが適切か、走行している場所が車線の真ん中か、前の車との車間距離は十分か、道路に障害物は落ちていないか、などあらゆることを瞬時に判断しなければなりません。

　この章ではいくつかのショートカットの作成を通じて、簡単な条件分岐を指定しましたが、自動運転で必要な条件分岐の条件をすべて人間が手で入力するのは現実的ではありません。そこで、現在のAIは「機械学習」と呼ばれる手法が使われており、膨大なデータをコンピュータに与えることで、コンピュータが自動的に学習してこのような条件分岐を生成しています。

　つまり、与えられたデータをもとに、確率的に正しいと思われる判断をするように、データの背景にあるルールやパターンを分類したり予測したりしているのです。すでに一部の分野では人間を超える精度が得られるようになっており、これからもこの流れは変わらないと考えられます。

　最近では、画像の生成や文章の生成、翻訳など、これまでは人間でないとできないと考えられていたことでもAIが実現できるようになってきました。これにより、イラストレーターや翻訳者といった職業をAIが奪うのではないか、といった話が取り上げられることもあります。

　今後はショートカットアプリなどでの自動化においても、データを与えるだけで自動的に学習し、条件分岐などを生成してくれる時代が来るのかもしれませんね。

第 **7** 章

繰り返すことで
多くの処理の
実現を簡単にする

効率化を実現する
「繰り返し」を理解しよう

　ちょっとした処理でも**プログラムを作るメリットとして、同じ処理を何度でも簡単に繰り返せること**が挙げられます。人間にとって、同じ作業を何度も繰り返すのは大変ですし、疲れると手順を間違えることがありますが、プログラムは何度でも間違えずに繰り返してくれます。そして、まったく同じ内容を処理するだけでなく、繰り返し回数に応じて処理を少しだけ変えることもできます。ショートカットアプリで繰り返しを実現するには大きく分けて3通りの方法があります。

☑ 1.「回数」を指定した繰り返し

　繰り返す回数を指定することで、その回数だけ同じ処理を繰り返す方法です。
　たとえば、1月から12月までの売上を月単位で集計するのであれば、それぞれの月の売上を集計する作業を12回繰り返せば求められます。また、日本各地のデータを都道府県単位で集計するのであれば、それぞれの都道府県のデータを集計する作業を47回繰り返せば求められます。
　このように、**事前に繰り返す回数がわかっている場合に便利な方法**です。

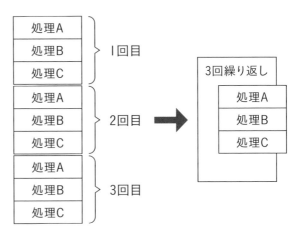

☑ 2.「リスト」を使った繰り返し

第4章で作成したようなリストをすべて処理する方法です。

たとえば、ある条件を満たす写真のリストがあり、その写真を1つずつ加工するような例が考えられます。また、連絡先の一覧があり、その連絡先を1つずつ処理したい場合もあるでしょう。

このように、**すでにリストが存在し、それを1つずつ順に処理したい場合に便利な方法**です。

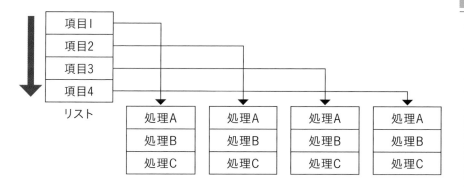

☑ 3. 無限に繰り返し

前述の2つは、回数やリストを指定するため、決められた回数で終了します。しかし、回数が決まっていない場合やリストを用意できない場合があります。

このようなときは、**無限に繰り返して、何らかの条件を満たしたときに終了します**。このためには、「ショートカットを実行」というアクションを使用します。これは、ショートカットの中から他のショートカットを実行できるもので、自分自身のショートカットを指定できます。一般的なプログラミング言語では「**再帰**」と呼ばれる手法で、終了条件を指定しないと、延々と同じ処理を実行してくれます。

それぞれの方法を使ったショートカットを、この章で紹介します。

01 複数の画像を横に結合する〜画像を結合する〜

　スマホを縦に持った状態で通常の写真を撮影すると、縦長の写真になります。このような写真を複数枚選んで横に並べ、横に長い写真を作成することを考えてみましょう。

　単純に写真を横方向に結合するだけであれば、「写真を選択」と「イメージを結合」という2つのアクションを使うだけです。これだけで、複数の写真を縦方向や横方向に何枚でも結合するショートカットを作成できます。

　しかし、ショートカットを使えばもっと高度な処理ができます。第5章では、撮影日を写真の上に重ねて表示しましたが、これを活用してみましょう。

　ここでは、もう少し工夫して、**それぞれの写真に連番を付与し、その番号を文字として埋め込んだ画像を並べて結合してみます。**

プログラムの考え方

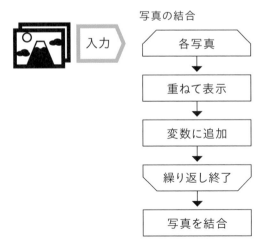

写真の結合

- 入力
- 各写真
- 重ねて表示
- 変数に追加
- 繰り返し終了
- 写真を結合
- 出力

☑ 複数の写真を選ぶ

まずは横に並べるための写真を選択します。

Step 1

検索：写真　→　選択：写真を選択

これは、第5章でも使用したものです。第5章では写真を1枚だけ選んで使用しましたが、このアクションで複数枚の写真を選ぶことにします。

オンにする

このアクションを選択し、［複数を選択］をオンにします。これで、選択した複数の写真がリストに格納されます。

☑ 処理を繰り返す

リストに格納された写真を、1枚ずつ取り出しながら順に繰り返します。

Step 2

検索：繰り返す　→
選択：各項目を繰り返す

このアクションを選択すると、図のように追加され、選んだ写真を順に取り出す処理を繰り返してくれます。

この間に入れたアクションが、それぞれの写真に対して実行されます。

> 繰り返したい処理を
> この間に入れる

☑ 番号を重ねて表示する

繰り返しの中で、処理する対象となる1枚の写真に対して番号を重ねます。

Step 3
検索：重ねて　→
選択：テキストを重ねて表示

このアクションを選択すると、ショートカットの末尾に追加されます。これを、繰り返しの中に移動すると、「繰り返し項目」の「中央」に重ねて表示、となります。

この「繰り返し項目」という部分に、写真のリストから1枚ずつ取り出したものがセットされます。

そして、[テキスト]の部分をタップすると、画面の一番下に「変数を選択」という部分が表示されます。

前の手順で［変数を選択］を押すと、図のようにさまざまな変数を選択できます。ここでは、繰り返しの回数（1枚目であれば1、2枚目であれば2、……）を取得したいものです。

このときは［Repeat Index（繰り返しインデックス）］を選択します。

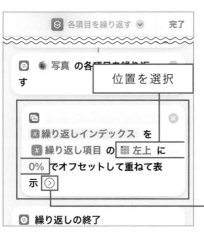

位置を選択

タップすると色なども変更できる

上記を選択すると、「繰り返しインデックス」がセットされ、写真に番号を重ねて表示できます。

また、重ねる位置を選択します。ここでは「左上」に「0%」でオフセットとしています。これで、写真の左上に文字が表示されます。

また、右の矢印を押して、文字の色や大きさなども指定できます。

☑ 変数に追加する

次に、番号を重ねた画像でリストを作成するために、変数に追加するアクションを使用します。

Step 4

検索：変数　→　選択：変数に追加

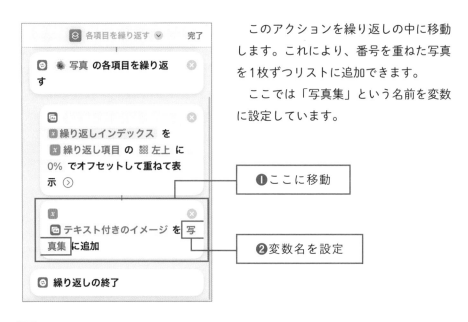

このアクションを繰り返しの中に移動します。これにより、番号を重ねた写真を1枚ずつリストに追加できます。

ここでは「写真集」という名前を変数に設定しています。

❶ここに移動

❷変数名を設定

✏️ **Memo** 変数の初期化

第5章では、「変数を設定」のあとに「変数に追加」をしていました。しかし、リストとして使うだけであれば、「変数を設定」を使わなくても、「変数に追加」だけで十分です。

繰り返しの中で、「変数を設定」を使うと変数の中身が初期化されるため、「変数に追加」だけを使っています。

☑ 写真を結合する

繰り返しが終わると、リストに格納した画像を横方向に結合します。

Step 5

検索：結合 → 選択：イメージを結合

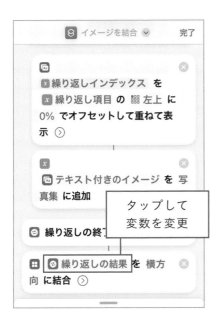

このアクションを選択すると、図のように繰り返しのあとに追加されます。ここでは、「繰り返しの結果」を「横方向」に結合、となっていますが、この［繰り返しの結果］の部分をタップして消去し、前の手順で作成した変数［写真集］を選択します。

これにより、番号つきの写真を横方向に結合した画像ができあがります。

☑ 作成したものを表示する

最後に、作成した画像を表示し、保存できるようにするために「クイックルック」を使います。

Step 6

検索：クイック　→
選択：クイックルック

クイックルック ✓ 完了

🖼 繰り返し項目 の 🔲 左上 に 0% でオフセットして重ねて表示 ⟩

𝑥 ⊗
🖼 テキスト付きのイメージ を 写真集 に追加

🔁 繰り返しの終了

⊞ 𝑥 写真集 を 横方向 に結合 ⟩ ⊗

👁 ⊞ 結合済みのイメージ を Quick Look で表示 ⊗

このアクションを選択すると、ショートカットの最後に追加され、結合済みのイメージを表示できます。

あとはこのショートカットを実行すると、選択した画像に番号が付与されて、横方向に並んだものが生成されます。

☑ 実行する

実行すると、次のように画像の左上に番号が入っている画像を生成できます。文字の大きさや輪郭線などは画像の大きさに合わせて調整してみてください。

02 連絡先を一括で更新する
～条件に当てはまる場合に URLを一括登録する～

iPhoneで連絡先を管理している人は多いでしょう。しかし、この連絡先に登録されている人の情報が変わることがあります。1人ずつ違うのであれば、それぞれ更新すればよいのですが、会社の合併などによって会社名が変わる、URLが変わる、といったときにすべての連絡先を1つずつ変更するのは面倒です。

しかも、一部の人の情報を変えたあとで、他の人も変更が必要だとわかった場合には、変更に漏れがないか確認するのも面倒です。そこで、**同じ会社に所属している人のURLを一括で変更する**ことを考えます。

単純にすべての連絡先を更新するのであれば、「連絡先の検索」と「連絡先の編集」というアクションを使うだけですが、連絡先にURLが登録されているものは、何らかの意図を持って登録している可能性があるため、URLが登録されていない人だけ登録することにします。この場合は、連絡先のリストを繰り返して1人ずつチェックし、登録されていないときだけ更新します。

プログラムの考え方

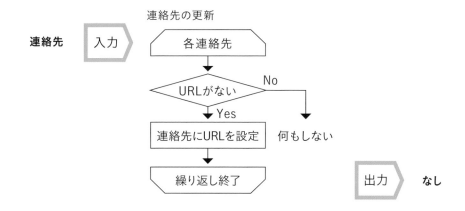

第7章　繰り返すことで多くの処理の実現を簡単にする

☑ 更新する連絡先を検索する

まずは更新する連絡先の一覧をリストとして作成します。

Step 1

検索：連絡先　→　選択：連絡先を検索

アクションを追加すると、検索条件を設定できます。ここで、［フィルタを追加］をタップして条件を追加することで、検索する連絡先をフィルタで絞り込みます。

タップ

たとえば、「会社」に「翔泳社」を「含む」というフィルタを追加すると、連絡先の「会社」欄に「翔泳社」という文字が含まれて登録されている連絡先の一覧を取得できます。

検索したい条件に
合わせて変更する

☑ 順に繰り返す

次に、一覧のそれぞれの項目について処理を繰り返します。

Step 2

検索：繰り返す　→
選択：各項目を繰り返す

アクションを追加すると、図のように繰り返しの開始と終了の2つがペアで作成されます。

この中に、繰り返し実行したい処理を入れます。

この間に入れた処理が
繰り返される

☑ URLが登録されているものを取り出す

連絡先にURLが登録されているものを取り出すことにします。

Step 3

検索：もし　→　選択：if文

175

このアクションを選択し、繰り返しの中に移動します。

図のように、繰り返しの中に「もし～」「その他の場合」「If文の終了」の3つが入るようにします。

繰り返しの中に
if文全体を入れる

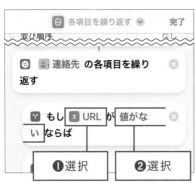

そして、条件分岐の条件として、[繰り返し項目]の部分をタップし、表示された中から[URL]を選択します。これで、繰り返し項目である連絡先にセットされているURLを取得できます。

さらに、[値がない]を選ぶと、URLに何もセットされていない連絡先に対して処理できます。

❶選択　　❷選択

☑ 連絡先を更新する

連絡先のURLの項目を指定した内容で設定します。

Step 4

検索：連絡先　→　選択：連絡先を編集

アクションを追加すると、繰り返しのあとにセットされます。これを長押しして、繰り返しの中に移動します。

移動すると、どの項目を編集するのか選択できる

繰り返しの中に移動したら、指定した値に設定するように入力します。

たとえば、図のように入力すると、それぞれの連絡先に登録されているURLの値が「https://www.shoeisha.co.jp」に更新されます。

［＋］ボタンを押して複数の値を設定することもできる

> **⚠ Attention** 自動保存に注意
>
> アクションの名前は「編集」ですが、編集すると自動的に上書き保存されます。特別な保存操作をしなくても情報が更新されてしまうので注意してください。

設定した条件を満たさない場合（何らかのURLが登録されている場合）は、何も処理しないため、「その他の場合」は削除しておくとわかりやすいでしょう。

「その他の場合」は削除

☑ 実行する

　実際にこのショートカットを実行し、会社名として「翔泳社」が登録されている人のURLの欄に、指定した内容が登録されていればOKです。

03 不要なスクリーンショットを消す〜不要なデータを指定して削除する〜

iPhoneやiPadでは画面のスクリーンショット（画面に表示されている内容を画像として保存できる機能）を取得できます。画面を記録しておきたいときには便利な機能ですが、スクリーンショットも写真アプリに保存されます。そして、スクリーンショットをたくさん保存していると、スマホの記憶容量を占有してしまいます。

もし一時的な記録として残しておくだけであれば、一定の時間が経つと不要になるでしょう。ここでは、**スマホの写真アプリの中に残っているスクリーンショットをまとめて削除する**ショートカットを作成します。

プログラムの考え方

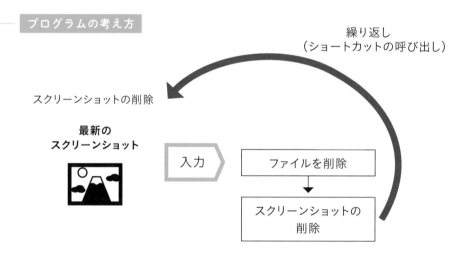

繰り返し
（ショートカットの呼び出し）

スクリーンショットの削除

**最新の
スクリーンショット**

入力 → ファイルを削除 → スクリーンショットの削除

> **! Attention** 必要なファイルの削除に注意
>
> この処理を実行すると、ファイルが削除されます。誤って重要な画像などを削除してしまわないように最新の注意を払って実行してください。

第7章 繰り返すことで多くの処理の実現を簡単にする

☑ スクリーンショットを取得する

最新のスクリーンショット1枚を取得します。このアクションは、スクリーンショットがない場合、エラーになります。

Step 1
検索：スクリーン　→
選択：最新のスクリーンショットを取得

アクションを選択すると、図のように追加されます。枚数を設定できますが、ここでは1枚にしておきます。

☑ ファイルを削除する

次に、取得したスクリーンショットを削除します。スクリーンショットも写真なので、写真を削除するアクションを選びます。

Step 2
検索：写真　→　選択：写真を削除

このアクションを選択すると、最新のスクリーンショット1枚を削除できます。

☑ ショートカットを呼び出す

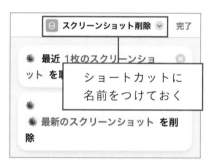

ショートカットに名前をつけておく

この処理を繰り返し実行したいものです。しかし、スクリーンショットが何枚保存されているかわかりません。そこで、無限に繰り返すことにします。

無限に繰り返すには、自分自身のショートカットを呼び出します。このため、ショートカットに名前をつけておきます。

そして、ショートカットを呼び出すアクションを追加します。

Step 3

検索：ショートカット　→
選択：ショートカットを実行

🔅 **Tips** 「実行」と「開く」の違い

ショートカットを呼び出すには「ショートカットを開く」でもよさそうですが、これはショートカットの編集画面を開くものです。

処理を実行したい場合は［ショートカットを実行］を選びます。

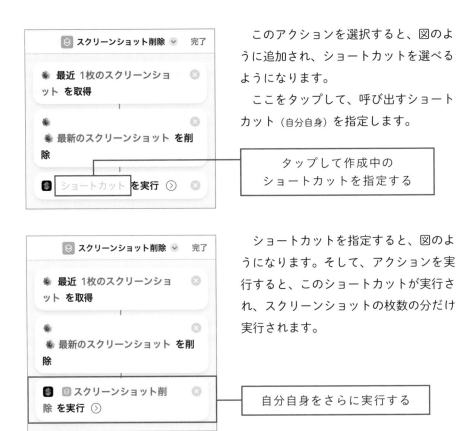

このアクションを選択すると、図のように追加され、ショートカットを選べるようになります。

ここをタップして、呼び出すショートカット（自分自身）を指定します。

タップして作成中の
ショートカットを指定する

ショートカットを指定すると、図のようになります。そして、アクションを実行すると、このショートカットが実行され、スクリーンショットの枚数の分だけ実行されます。

自分自身をさらに実行する

この処理は、次の図のように動くイメージです。そして、スクリーンショットがなくなるとエラーになり、ショートカットは停止（終了）します。

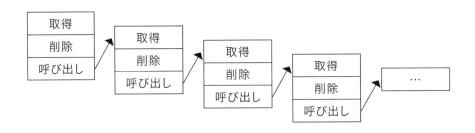

04 Webサイトの情報をまとめて取得する〜特定のURLの情報を繰り返し取得する〜

あるWebサイトをチェックしたとき、その中から必要な項目だけを抜き出して保存しておきたい、ということがあります。

たとえば、不動産サイトで条件に当てはまる物件を抜き出して表計算ソフトで整理したい、ショッピングサイトで競合他社の金額を定期的にチェックしてデータベースにしたい、といった場合です。

このようにWebサイトを巡回して自動的に取得する方法として、「**クローリング**」と「**スクレイピング**」があります。クローリングは複数のページを順に辿ること、スクレイピングは1つのページの中から特定の部分を抽出することです。

手作業で1つずつページを開いてコピー＆ペーストする方法もありますが、件数が多くなると大変です。そこで、これらのサイトをクローリングやスクレイピングによって**自動的に巡回して、必要な部分だけを抜き出す**ショートカットを作成します。

プログラムの考え方

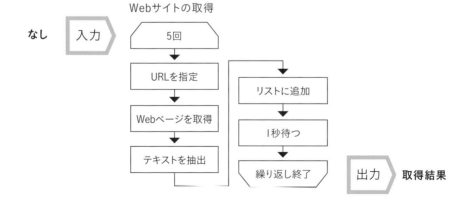

☑ 繰り返す

まずは取得する回数を指定して繰り返します。

Step 1

検索：繰り返す　→　選択：繰り返す

このアクションを選択すると、図のように繰り返す処理が追加されます。繰り返す回数を指定して、間に繰り返すアクションを追加します。

繰り返す回数は、［1回］をタップした後、図のように表示される［+］と［-］を押して調整します。ここでは5回繰り返すことにします。

☑ URLを設定する

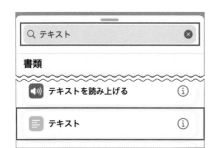

次に、読み込むURLを指定します。URLの一部に、繰り返し回数を埋め込みたいため、テキストとしてURLを作成します。

Step 2

検索：テキスト　→　選択：テキスト

追加したアクションを繰り返しの中に移動し、URLの一部を入力します。ここでは、著者のサイトのURLの一部として、「https://masuipeo.com/pr/」という値を指定しています。

そして、画面一番下に表示される「変数を選択」をタップします。

図のように変数を選択する画面が表示されるので、ここで［Repeat Index］をタップします。

すると、繰り返しインデックス（1回目は1、2回目は2、……）を取得できます。

「繰り返しインデックス」が追加されたあとにURLの残りを記入します。ここでは、「.html」という部分を追加しました。

これにより、1ページ目であれば「1.html」、2ページ目であれば「2.html」といったファイル名になります。これで、取得したいURLを作成できました。

Memo　URLとは？

URLはWebサイト（ホームページ）の場所を指し示すもので、「http://〜」や「https://〜」で始まることが一般的です。

ページごとに違うファイル名がつけられており、検索結果など多くのデータがあるときはページごとに表示するため連番が多く使われます。

☑ Webサイトを取得する

続いて、作成したURLのWebページの内容を取得します。

Step 3

検索：Web　→

選択：Webページの内容を取得

これは、指定したURLを読み込んで、そのWebページの内容（HTML）を取得するアクションです。

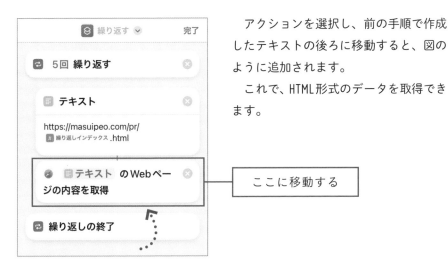

アクションを選択し、前の手順で作成したテキストの後ろに移動すると、図のように追加されます。

これで、HTML形式のデータを取得できます。

実際のWebページは次の図のようになっています。このプレスリリースから日付部分を取得します。

☑ テキストを抽出する

取得したWebページの内容から、日付部分を抽出することを考えると、条件に一致したテキストだけを抽出すればよいでしょう。

Step 4

検索：一致　→
選択：一致するテキスト

このアクションを選択し、前の手順で作成したアクションのあとに移動すると、図のようになります。

ここでは、抽出する内容として「[0-9a-zA-Z]」という内容が書かれています。これは「正規表現」と呼ばれる表現方法で、数字かアルファベットに一致する、という意味です。

正規表現については、この章の末尾に記載しているコラムの表を参考にしてみてください。また、詳しくはインターネットで「正規表現」について検索してみてください。

抽出する内容を正規表現で指定する

「[0-9]+-[0-9]+-[0-9]+」
に変更する

今回は日付部分を抽出したいので、次のように変更します。

[0-9]+-[0-9]+-[0-9]+

これは、「[0-9]+」の部分が数字の1回以上の繰り返しを意味します。それを「-」でつないでいるため、「2022-01-23」のような日付の形式に一致する正規表現です。

もちろん、数字がハイフン2つでつながれていれば一致するため、「1-2-3」のようなものでも一致します。このため、厳密には日付を表現することはできませんが、ここでは問題ないものとします。

☑ リストに追加する

取得したものを変数に保存しておきます。繰り返しによって、何度も取得されるため、変数に追加してリストにしておきます。

Step 5

検索：変数 → 選択：変数に追加

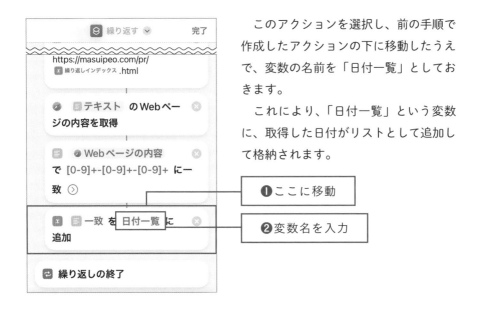

このアクションを選択し、前の手順で作成したアクションの下に移動したうえで、変数の名前を「日付一覧」としておきます。

これにより、「日付一覧」という変数に、取得した日付がリストとして追加して格納されます。

❶ここに移動

❷変数名を入力

☑ 1秒待つ

Webページはサーバーに保存されているので、プログラムで処理すると、連続してWebサーバーにアクセスします。サーバーへの負荷を減らすために、1回取得するごとに1秒待機することにします。

Step 6

検索：待機　→　選択：待機

このアクションを選択し、繰り返しの最後に入れておきます。これにより、Webページを読み込むたびに1秒待機できます。

繰り返しの最後に移動

✎ **Memo**　待機時間について

ここでは1秒待機していますが、この待機時間について明確な決まりはありません。サーバーに負荷がかかるとサーバーが処理を受け付けられなくなり、他の利用者に影響が出る可能性があります。このため、大量のデータを受信したり、サーバーに大きな負荷をかけたりする場合はもっと間隔を開けるべきです。

サイトの利用規約などがある場合は、取得しないことも含めて検討しましょう。

☑ 結果を表示する

最後に、結果を表示します。

Step 7

検索：結果　→　選択：結果を表示

このアクションを選択すると、図のように表示されます。ここでは、「日付一覧」という変数に追加した値を表示したいので、この［繰り返しの結果］という部分をタップし、いったん変数を消去します。

そのうえで、前の手順で作成した変数「日付一覧」を選択します。

タップして変数を消去したあとで「日付一覧」を選択

変数を選択すると、図のようになります。

「日付一覧」が取得できていることを確認

☑ 実行する

実行すると、図のようにアクセスの許可を求める画面が表示されます。この［許可］をタップして許可してください。

タップする

実行すると、図のような結果が表示されます。このように、ページを取得して、日付部分だけを抽出できていることがわかります。

ぜひさまざまなサイトで、必要な項目だけを抽出するショートカットを作ってみてください。

✎ **Memo**　正規表現について

本文中では正規表現によって抽出するショートカットを作成しました。正規表現では、次のような記述によって、さまざまな文字と一致するかを確認できます。

記号	意味	正規表現の例	マッチする例
文字	指定された文字にマッチ	ee	keep sleep
.	任意の1文字	c.t	cat cut
^	行頭	^th	this that
$	行末	er$	teacher greater
[文字]	[ ]内の任意の1文字 (「-」を使って範囲を指定できる) 0から9までのいずれか1文字 aからzとAからZまでのいずれか1文字	[0-9] [a-zA-Z]	5 8 C f
*	0文字以上の繰り返し	AB*C	AC ABBBBC
+	1文字以上の繰り返し	AB+C	ABC ABBBBC
?	直前の文字で0文字または1文字	AB?C	AC ABC

プログラミングは
3つのことが理解できていればOK！

　第6章では分岐の処理を、第7章では繰り返しの処理を紹介しました。そして、第2章からは、実行したいアクションを上から順番に並べてきました。これを順次処理といいます。

　プログラミングに必要なのは、この「順次」「分岐」「繰り返し」の3つだけだと言われています。どんなプログラムでも、コンピュータは前から順に処理します。そして、何らかの条件を満たしたときに指定された内容を処理し、必要があれば同じ内容を何度も繰り返します。

　これは私たちが本を読むときも同じでしょう。基本的には上のページから順番に読み進めて、途中に脚注や参考文献などが指定されているときは、その内容を参照します。その後は元に戻って次を読み進めます。これを繰り返しているだけなのです。

　シンプルな例として、鳩時計のように1時間に1回音を鳴らすプログラムを考えてみましょう。時計は1分ごとに自動的に進むものとします。1分ごとに条件を確認して、ちょうど0分になったら音を鳴らします。

　この場合、次のように処理を並べれば実現できます。

- 以下を繰り返す
  - 現在の時刻を表示する
  - もし現在の時刻の「分」が0分だったら
    - 音を鳴らす
  - 1分待つ

　このような簡単なプログラムだけでなく、さまざまなプログラムを「順序」「分岐」「繰り返し」の3つだけで実現できるのです。

第 **8** 章

自動的な
実行によって
プログラムの効果を
高める

プログラムの「起動条件」を設定する

　本書でこれまでに紹介した内容は、「実行ボタン」を押してショートカットを実行していました。第2章で紹介したように、ホーム画面に追加したり、ウィジェットに追加したりして実行する方法もありますが、いずれにしても実行する操作をしないと、ショートカットが動くことはありません。

　もう少し簡単に実行する方法として、「背面タップ」を使う方法もあります。「設定」→「アクセシビリティ」→「タッチ」→「背面タップ」から「ダブルタップ」や「トリプルタップ」を選び、ここにショートカットを設定することで、iPhoneの背面をダブルタップしたときに、ショートカットを起動できます。これなら、実行の操作が手軽になります。

　しかし、ここではもっと便利な方法を紹介します。それは、「指定した時刻になったら実行する」「何らかの条件を満たしたら実行する」のように、利用者が操作をしなくてもショートカットを実行する方法です。

　企業で使われる一般的なシステムでも、このような処理はよく使われます。たとえば、毎日20時になれば当日登録された請求書データを一括で印刷する、ファイルが変更されたらファイルサーバーにバックアップを作成する、ディスクの空き容量がある値より少なくなったら通知するなどの方法です。

　家庭でも同じような処理はたくさんあります。朝7時にご飯が炊き上がるようにタイマーを設定した炊飯器、沸騰したら保温モードになる電気ポット、人が通ったことを感知して電気がつく照明器具など、便利に使っている人も多いでしょう。

　このように、私たちの身の回りは、**人間が操作しなくても自動的に処理が実行されるように設定されたプログラムで溢れている**のです。

　ショートカットアプリでこれと同様のことを実現するのが、ショートカットアプリの備える「オートメーション」という機能です。**オートメーションを使うと、**

これまでに紹介してきたような処理を自動的に実行するように設定できます。この章では、このオートメーションを使った実行方法と、オートメーションでできることを紹介します。

☑ オートメーションを設定する

　本章で紹介するオートメーションは、本書でこれまで解説してきたようなショートカットの追加からではなく、「オートメーション」からはじめます。

　画面下の［オートメーション］をタップし、［個人用オートメーションを作成］を押してください。本章で作るものでは、このボタンを押したあとの画面から解説します。

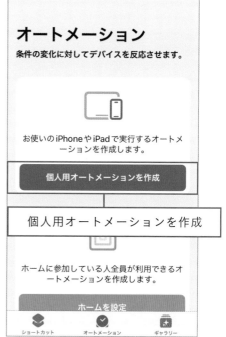

01 電車での乗り過ごしを 防ぐ～最寄りの駅に近づい たときに通知する～

　すごく疲れている状態や、お酒を飲んでから電車に乗ったとき、気がつけば最寄りの駅で目が覚めずに乗り過ごしてしまった経験がある人は多いのではないでしょうか。

　こんなとき、iPhoneの「リマインダ」アプリを使う方法があります。リマインダでは、日時を指定して通知するだけでなく、特定の場所に到着したときなど、さまざまな条件で通知できます。

　しかし、リマインダアプリでは単純に通知することしかできません。ショートカットアプリを使うと、さまざまなアクションを追加できますので、ぜひ活用してみてください。

プログラムの考え方

現在地の
位置情報　入力　デバイスを
振動させる　→　通知を
表示する　出力　

振動・
通知

! Attention　サウンドを使い分けよう

　電車の中で音を出すのはマナー違反なので、電車で使うのであればサウンドはオフにしましょう。

　条件として郵便ポストの場所を指定し、近づいたら投函するのを忘れないように通知するような使い方であれば、サウンドをオンにしてもよいでしょう。

☑ 到着の条件を指定する

到着を選択

新規オートメーションの画面から［到着］を選びます。

これは、指定した場所に近づいたとき（指定した半径のエリアに入ったとき）に、ショートカットを起動してくれるものです。

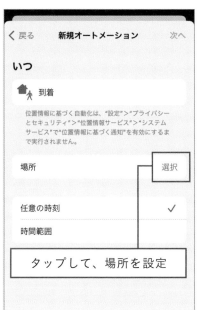

タップして、場所を設定

このオートメーションを選ぶと、場所や時刻を指定する画面が表示されます。ここで、「場所」の欄にある［選択］ボタンを押し、駅の名前や住所を入力します。

標準では「任意の時刻」となっているため、いつでもその場所に近づくと実行されますが、通勤に使うような場合には、午前中（出勤時）に駅に近づいたときは実行せず、夕方（帰宅時）に実行したいこともあるでしょう。

この場合は、［時間範囲］を選んで、オートメーションを実行する時間帯を指定することもできます。

場所の選択ボタンを押すと、駅の名前や住所で検索できます。ここでは「新宿駅」と入力し、検索結果から選んでいます。

また、下の図に表示される円の大きさなどを調整できますので、どのくらいの範囲に入ったときに実行するのかを設定できます。

実際には若干の誤差がありますので、やや広めに設定しておくとよいでしょう。

円のサイズを調整する

場所の選択が終わったら、図の右上にある［次へ］ボタンを押して、どのようなアクションを実行するのかを指定します。

ここから先は、本書の第2章から第7章で解説した内容と同じように、実行したいアクションを順に並べるだけです。

オートメーションの指定が
終わったらタップ

☑ デバイスを振動させる

まずは iPhone を振動させます。

Step 1

検索：振動　→

選択：デバイスを振動させる

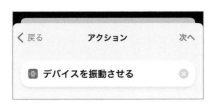

　アクションを追加すると、図のように表示されます。

☑ 通知を設定する

　振動させるだけでも十分かもしれませんが、通知を表示するとメッセージを言葉で表現できますし、音を鳴らすこともできます。

Step 2

検索：通知　→　選択：通知を表示

アクションを追加し、通知するメッセージを変更すると、図のように表示されます。右の矢印を押してサウンドのオン、オフを設定しておきましょう。

ここからオンと
オフの設定ができる

☑ 登録内容を確認する

アクションを確認

右上の［次へ］を押すと、確認画面が表示されます。設定した条件や、実行するアクションの概要が表示されるので、指定した内容が表示されているか確認しましょう。

「完了」ボタンを押すと、下の図のような画面が表示され、駅に到着したときに実行するオートメーションが設定されていることがわかります。

実際にその駅に到着すると、iPhoneが振動し、通知メッセージが表示されます。

> **Tips** 通知の活用方法
>
> 到着したときではなく、出発したときに起動することもできます。たとえば、家から外出するときに忘れ物がないか確認したい、オフィスを出るときに家族に通知したい、といった場合に、自動的に実行するショートカットを設定しておくと便利です。

いつも買うAmazonの商品ページを開く〜NFCタグを利用して特定のサイトを開く〜

ネット通販のAmazonなどで同じ商品を何度も購入するとき、毎回検索して探すのは面倒なものです。Amazonから「Amazon Dash」というボタンが販売されていた時期があり、ボタンを押すだけで購入することもできましたが、現在では販売が終了してしまいました。

Amazon Echoなどのスマートスピーカーを使って音声で商品を購入することもできますが、商品の内容や数量に間違いがないか、画面で確認して購入したいものです。

こんなときに便利なのが「NFCタグ」です。NFCは「Near Field Communication」の略で、「近距離無線通信」とも訳されます。SuicaなどのICカード、WAONなどの電子マネーのカード、スキー場のリフト券などにも使われており、シール型のNFCタグも販売されています。

最近のiPhoneでは、このNFCタグをタップして、ショートカットを実行できます。これを使って、iPhoneをNFCタグに近づけたときに特定の商品ページを開くことを考えます。

プログラムの考え方

なし　入力

指定したURLを開く

Amazonの商品ページ

出力

☑ NFCタグの条件を指定する

新規オートメーションの画面から［NFC］を選択します。

このオートメーションは、NFCに対応したiPhoneでなければ設定できないため、この一覧に表示されない場合は使えません。 iPadや古いiPhoneでは対応していませんので、一覧に表示されないときは新しいiPhoneをご利用ください。

選択する

このオートメーションを選ぶと、NFCタグのスキャンボタンが表示されます。ここで［スキャン］を押して、タグをタップして読み取ります。

タップ

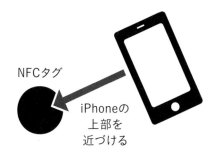

NFCタグをスキャンするときは、iPhoneを少し離した位置からゆっくりとNFCタグに向けて近づけます。

このとき、iPhoneの背面を下にして、上部を近づけると読み取りやすいです。

タグを読み取ると、読み取ったタグに名前をつけられます。名前は自由につけられますが、複数のタグを用意したときにそれぞれを識別するためのものなので、わかりやすい名前をつけておくとよいでしょう。

☑ URLを開く

NFCタグをタップしたときのアクションを作成します。ここでは単純に、指定したURLをWebブラウザで開くだけのショートカットを作成することにします。

Step 1
検索：URL　→　選択：URLを開く

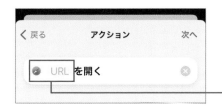

アクションを追加すると、図のように表示されます。この [URL] の欄をタップして、開きたいサイトのURLを指定します。

タップしてURLを設定する

たとえば、Amazonで特定の商品のURLを貼り付けると、図のようになります。

そして、[次へ]をタップすると、アクションの内容を確認する画面が表示されます。

💡 Tips NFCの活用方法

　ここでは、NFCタグでURLを開く方法を紹介しましたが、他にもさまざまな活用方法が考えられます。

　たとえば、車のダッシュボードにNFCタグを設置してiPhoneをタップするだけで運転集中モードに変更する、自宅の玄関にNFCタグを設置してiPhoneをタップするだけでWi-Fiのオン・オフを切り替えるなど、ぜひ試してみてください。

☑ 登録内容を確認する

　ここまでの設定が終わると、確認画面に、「実行の前に尋ねる」というチェックが表示されます。

　これは、NFCタグをタップしたときに、アクションをすぐ実行するのではなく、確認メッセージを表示するものです。

　この確認が不要な場合は、これをオフにしておきましょう。

オフにする

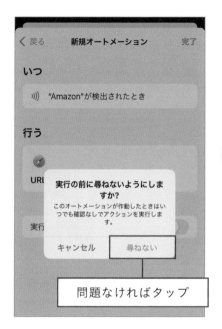

前のページで［実行の前に尋ねる］を
オフにすると、図のような画面が表示さ
れます。問題なければ［尋ねない］を
タップします。

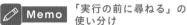

Memo 「実行の前に尋ねる」の
使い分け

今回のようにWebブラウザを開くだけ
であれば尋ねない方法が便利です。しか
し、iPhoneの設定を変更する、誰かに
メールやメッセージを送信する、といっ
た場合には事前に確認した方がよい場合
もあります。実行したいアクションに
よって使い分けてください。

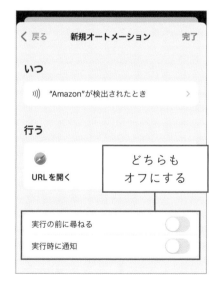

実行の前に尋ねないようにすると、
「実行時に通知」というチェックも表示
されます。これをオンにすると、確認な
くアクションは実行されますが、実行さ
れたときに通知してくれます。ここでは
こちらもオフにしておきます。

この設定が完了すると、ショートカッ
トアプリを開いていない状態でも、設定
したNFCタグにiPhoneをタップするだけ
で、Webブラウザを開いて特定のページ
にアクセスできます。

第 **8** 章
自動的な実行によってプログラムの効果を高める

03 バッテリーを長持ちさせる
～充電が減ったときに モードを変える～

iPhoneはバッテリーの設定として、「低電力モード」が用意されています。これは、裏側で動いているメールの受信などの処理を一時的に抑えることで、バッテリーを長持ちさせるモードです。

外出先でバッテリーの残量が少なくなったときに、できるだけ長く電源をオンにしておくために低電力モードを使っている人も多いでしょう。しかし、しばらくiPhoneを触っていないうちにバッテリーが減っており、気づいたときには残量がほとんどないこともあります。

自宅であればバッテリーの残量が少なくなったことに気づけば充電できるので、指定した容量を下回ったときに条件に応じたアクションを実行します。たとえば、自宅にいるときは通知を表示して音楽を鳴らし、自宅にいないときは自動的に低電力モードに変えるショートカットを作成します。

自宅にいるかどうかを判断するのは難しいものですが、ここでは自宅までの距離を調べて、300mより近いときは自宅にいるものとします。

プログラムの考え方

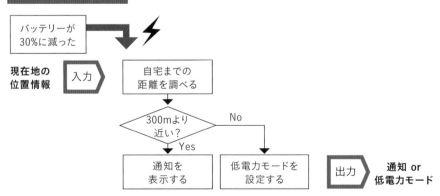

☑ バッテリーが減った条件を指定する

タップ

新規オートメーションの画面から［バッテリー残量］を選びます。

これは、iPhoneのバッテリー残量が指定した値になったときに、ショートカットを起動してくれるものです。

充電によってバッテリー残量が増えたときにショートカットを起動することもできますが、ここでは、バッテリー残量が30%を下回ったときにショートカットを起動するように設定してみます。

❶スライダーを30%の位置に移動させる

このオートメーションを選ぶと、図のような画面が表示されます。この真ん中のスライダーを左右に移動することで、バッテリー残量として指定したい値を調整できます。

左に移動すると少なく、右に移動すると大きな値に変更できます。ここでは、スライダーを30%の位置に移動し、下の一覧から［30%より下］を選択しています。

これにより、バッテリー残量が30%より下になったときにアクションを実行できます。

❷［30%より下］を選択する

☑ 自宅までの距離を求める

まずは、バッテリー残量が30%を下回った時点で、iPhoneがどこにあるかを判定するために、自宅との距離を求めます。

Step 1

検索：距離 → 選択：距離を取得

このアクションを追加すると、図のように表示されます。ここで、「目的地」として自宅の住所を指定すると、現在地から自宅までの距離を取得できます。

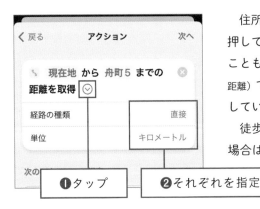

住所を指定するとともに、右の矢印を押して経路の種類や単位などを設定することもできます。ここでは［直接］（最短距離）で、単位を［キロメートル］に設定しています。

徒歩の経路での距離などを指定したい場合は変更してもよいでしょう。

☑ 距離の長さによって分岐する

前の手順で取得した距離をもとに処理を振り分けるため、if文による条件分岐のアクションを追加します。

Step 2

検索：もし　→　選択：if文

このアクションを追加すると、取得した距離を条件として分岐できます。

ここでは、距離が0.3よりも小さい（0.3kmより近い）ときと、それ以外のときに分けてアクションを実行するようにしています。

距離としてどのくらいの値が適切なのかは実際に試してみて、iPhoneが取得する値から誤差を確認しながら調整するとよいでしょう。

！ Attention　センサーに誤差はつきもの

理論上は正しく設定していても、センサーなどを使うときはどうしても誤差が発生します。ある程度の誤差があるものとして試行錯誤しましょう。

☑ 通知を表示する

条件を満たしたとき（自宅にいると思われるとき）は、通知を表示します。

Step 3

検索：通知　→　選択：通知を表示

このアクションを追加し、条件を満たしたときの内側に移動します。通知するメッセージの内容を変更し、右の矢印を押して［サウンドを再生］するように設定されていることを確認します。

> 条件を満たしたときの
> 内側に移動

☑ 低電力モードを設定する

条件を満たさなかったとき（自宅から離れているとき）は、低電力モードを設定します。

Step 4

検索：低電力　→
選択：低電力モードを設定

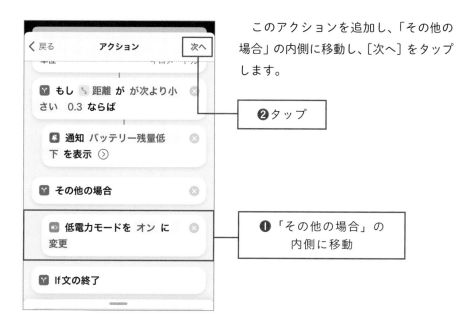

このアクションを追加し、「その他の場合」の内側に移動し、[次へ] をタップします。

❷ タップ

❶「その他の場合」の
　　内側に移動

☑ 登録内容を確認する

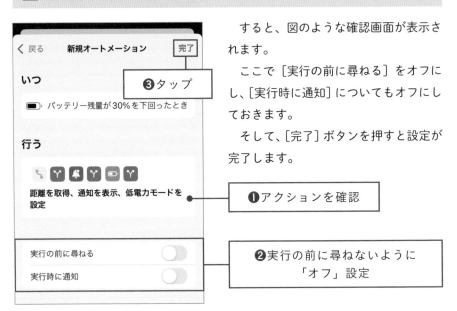

❶アクションを確認

❷実行の前に尋ねないように「オフ」設定

❸タップ

すると、図のような確認画面が表示されます。

ここで［実行の前に尋ねる］をオフにし、［実行時に通知］についてもオフにしておきます。

そして、［完了］ボタンを押すと設定が完了します。

設定が完了すると、オートメーションの一覧に図のように表示されます。

これで、バッテリー残量が30%を下回ると、自宅までの距離を判定して、通知を表示したり低電力モードを設定したりしてくれます。

✎ **Memo** 逆の条件を設定する

充電している途中で、バッテリー残量が一定の値を上回ったときに、通知したりアプリを実行したりするなど、便利な処理を考えてみましょう。

毎朝、天気や気温を記録する
～時間を指定して起動する～

　第6章では、天気を記録するショートカットを作成しました。こういった情報は自動的に記録できると便利です。毎朝自動的に起動し、当日の天気や気温を取得し、メモアプリのメモに追加するショートカットを作成してみます。

　このとき、オートメーションの機能を使いますが、実行する内容はショートカットとして作成したものです。これにより、ショートカットを手作業で実行することもできますし、自動的に実行することもできるようになります。

プログラムの考え方

☑ 時刻の条件を指定する

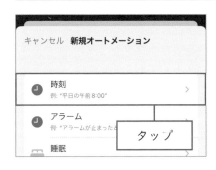

　新規オートメーションの画面から［時刻］を選びます。

　これは、指定した時刻にショートカットを起動してくれるものです。毎日実行するように指定することもできますし、平日だけ、特定の曜日だけ、毎月1日だけ、といった指定も可能です。

このオートメーションを選ぶと、図のような画面が表示されます。真ん中の部分で時刻を指定したり、「日の出」や「日の入」を指定したりできます。ここでは、毎日朝7時にショートカットを起動するように設定します。

また、下の部分で実行する日を指定できます。曜日を指定したい場合は「毎週」を選択すると、その中で曜日を選べます。

Memo 名前をしっかりつけよう

作成したショートカットが増えると、それぞれの処理が何をしているのかわかりにくくなります。こういったことを防ぐためにわかりやすい名前をつける工夫を心がけましょう。

☑ ショートカットを実行する

第6章で作成したショートカットを実行するために、ショートカットを実行するアクションを選びます。

Step 1

検索：ショートカット　→

選択：ショートカットを実行

　アクションを追加すると、図のように表示されます。この［ショートカット］の部分をタップして、実行したいショートカットを選びます。

　表示された画面で、第6章で作成しておいた天気を記録するショートカットを選択します。

　選択すると、実行するショートカットとして設定されます。確認後、［次へ］をタップします。

✏️ **Memo** 再利用する

　ここでは、他で作成したショートカットを呼び出して実行しました。このように、既存のものを再利用する方法は実際のプログラミングでもよく使われます。

　元のショートカットを修正すれば、この処理にも反映されるため、可能な限り再利用することを考えましょう。

☑ 登録内容を確認する

すると、図のような確認画面が表示されます。

ここでも、「実行の前に尋ねる」や「実行時に通知」のオプションをオフにしておきます。

完了を押すと、図のように登録されます。あとは何もしなくても、毎日7時に天気の情報が記録されます。

05 動画の再生時に画面のロックを解除する〜特定のアプリを使用したときに画面を横向きにする〜

普段、iPhoneを使うとき、縦向きに持っている人が多いでしょう。このとき、画面の回転をロックしておくことで、寝転んで使っても、画面が勝手に回転しないように設定できます。

しかし、YouTubeなどの動画を見るときは、iPhoneを横に向けると画面全体を使って表示できます。そこで、実行されたアプリによって、画面の向きを変えるショートカットを作成してみます。

プログラムの考え方

☑ アプリを開いたときの条件を指定する

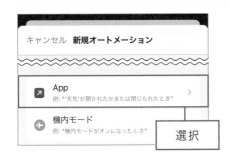

新規オートメーションの画面から［App］を選びます。

これは、指定したアプリが開かれたり、閉じられたりしたときに、ショートカットを起動してくれるものです。

　このオートメーションを選ぶと、アプリの選択と合わせて、開いたときに実行したいのか、閉じたときに実行したいのかを選択できます。

　この画面の「開いている」というのがアプリを起動したとき、「閉じている」というのがアプリを終了したときに実行される設定です。今回は［開いている］を選択します。

　その後、「App」欄の［選択］をタップします。

　すると、図のようにアプリの一覧が表示されます。この中から、条件に指定したいアプリを選択します。

　ここではYouTubeアプリを選択することにします（YouTubeアプリがインストールされている必要があります）。その後、［完了］をタップします。

💡 **Tips** 複数のアプリも選択可能

　ここではYouTubeのアプリだけを選択していますが、複数のアプリを指定することもできます。

　このため、複数の動画アプリをインストールしている場合には、まとめて1つのオートメーションで設定できます。

☑ 画面のロックを解除する

YouTubeのアプリを開いたときは画面を横に変更したいものですが、そういった設定はありません。しかし、画面のロックを解除する設定が可能なので、この設定を変更します。まずは、[＋アクションを追加] をタップしましょう。

Step 1

検索：画面　→
選択：”画面の向きをロック”を設定

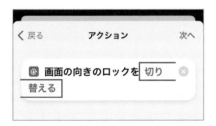

このアクションを選択すると、図のように画面の向きのロックを切り替える設定になっています。これはオンとオフを切り替えるものです。

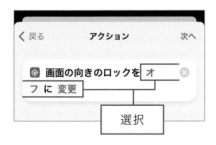

上記の [切り替える] という部分をタップすると、オンに変更したり、オフに変更したりできます。ここでは [オフ] に [変更] するように設定します。

☑ 登録内容を確認する

設定完了後に［次へ］を押すと、図のような確認画面が表示されます。
ここでも、「実行の前に尋ねる」や「実行時に通知」のオプションをオフにしておきます

オフにする

完了を押すと、図のように登録されます。あとはYouTubeのアプリを開いたときに、自動的に画面のロックが外れるため、動画を再生しているときにiPhoneを横にすれば、動画が横向きに表示されます。

Tips もっと便利にアレンジしよう

YouTubeを閉じたときには元に戻すように、「YouTubeが閉じられたときに画面の向きをロックする」というオートメーションを作成しておくとよいでしょう。

あとがき

　本書は一般的なプログラミングの本とは異なり、コンピュータの内部の動きをあまり説明せずに、「ショートカット」アプリを使ってちょっと便利なアプリを作成することを通じてプログラミングの考え方を紹介しました。1つひとつのサンプルを作ってみると、比較的短時間で便利な機能を実現できることがわかったのではないでしょうか。

　本書のように「アクションを並べる」「分岐や繰り返しを組み合わせる」ことが理解できれば、あとは自分の作りたいものに必要な機能を、インターネットなどを活用して検索すれば実現できるはずです。

　一方で、「これだけで本格的なプログラミングができるようになるとは思えない」というご意見もあるでしょう。実際、本書ではプログラミングの考え方を紹介しただけで、本格的なプログラミングをするためには専用のプログラミング言語を学ぶ必要があります。そして、ここからのハードルが非常に高いことも事実です。

　しかし、この本を読んだあなたは、プログラミングでどのようなことができるのかが理解できていると思います。プログラミングに興味を持った方は、ぜひ専門的な本を読んで、高度なプログラミングを学んでみてください。入門書も多く出ているので、書店に行けばわかりやすく学べる1冊が見つかると思います。

　プログラミングの考え方がわかるだけで、思考の幅が広がります。

　ぜひ、本書で学んだことを日常に生かしながら、「こんなものは作れないかな？」「このシステムはこうやって作られているのだな」などと考えてみてください。

　本書が、あなたがプログラミングに親しむ一助となれば幸いです。

2023年3月
増井 敏克

［著者紹介］

増井 敏克 （ますい・としかつ）

増井技術士事務所代表。技術士（情報工学部門）
1979年奈良県生まれ。大阪府立大学大学院修了。テクニカルエンジニア（ネットワーク、情報セキュリティ）、その他情報処理技術者試験にも多数合格。また、ビジネス数学検定1級に合格し、公益財団法人日本数学検定協会認定トレーナーとして活動。「ビジネス」×「数学」×「IT」を組み合わせ、コンピュータを「正しく」「効率よく」使うためのスキルアップ支援や、各種ソフトウェアの開発を行っている。
著書に『「技術書」の読書術』（共著）、『図解まるわかり データサイエンスのしくみ』『IT用語図鑑』（以上、翔泳社）、『プログラミング言語図鑑』、『ITエンジニアがときめく自動化の魔法』、（以上、ソシム）、『基礎からのプログラミングリテラシー』（技術評論社）、『Excelで学び直す数学』（C&R研究所）、『RとPythonで学ぶ統計学入門』（オーム社）などがある。

ブックデザイン	沢田幸平（happeace）
カバーイラスト	SHIMA
DTP	株式会社 シンクス

iPhone1台で学ぶプログラミング
アイフォーン

日常の問題を解決しながら、論理的思考を身に付ける本

2023年4月26日 初版第1刷発行

著者	増井 敏克
発行人	佐々木 幹夫
発行所	株式会社 翔泳社（https://www.shoeisha.co.jp）
印刷・製本	株式会社 シナノ